# LEITURA E PRODUÇÃO DE TEXTOS ACADÊMICOS

ANNE CAROLINE DE MORAIS SANTOS
SILVANA MORELI VICENTE DIAS

# LEITURA E PRODUÇÃO DE TEXTOS ACADÊMICOS

Freitas Bastos Editora

*Copyright © 2023 by Anne Caroline de Morais Santos e
Silvana Moreli Vicente Dias.*

Todos os direitos reservados e protegidos pela Lei 9.610, de 19.2.1998.
É proibida a reprodução total ou parcial, por quaisquer meios, bem como a produção de apostilas, sem autorização prévia, por escrito, da Editora.

Direitos exclusivos da edição e distribuição em língua portuguesa:

**Maria Augusta Delgado Livraria, Distribuidora e Editora**

**Direção Editorial:** *Isaac D. Abulafia*
**Gerência Editorial:** *Marisol Soto*
**Diagramação e Capa:** *Julianne P. Costa*

Dados Internacionais de Catalogação na Publicação (CIP) de acordo com ISBD

```
S2371      Santos, Anne Caroline de Morais
               Leitura e Produção de Textos Acadêmicos / Anne
           Caroline de Morais Santos, Silvana Moreli Vicente
           Dias. - Rio de Janeiro, RJ : Freitas Bastos, 2023.
               148 p. ; 15,5cm x 23cm.

               Inclui bibliografia.
               ISBN: 978-65-5675-309-6

               1. Metodologia de pesquisa. 2. Texto acadêmico.
           3. Texto científico. 4. Paper. 5. Comunicação
           científica. 6. Resumo. 7. Resenha. 8. Artigo
           científico. 9. Ensaio. 10. Monografia. 11. Regra
           ABNT. I. Dias, Silvana Moreli Vicente. II. Título.

2023-1668                                      CDD 001.42
                                               CDU 001.81
```

Elaborado por Vagner Rodolfo da Silva - CRB-8/9410

Índices para catálogo sistemático:
1. Metodologia de pesquisa 001.42
2. Metodologia de pesquisa 001.81

**Freitas Bastos Editora**
atendimento@freitasbastos.com
www.freitasbastos.com

# Sumário

1. Considerações iniciais .................................................... 9

2. Letramento acadêmico: fundamentos
e aplicabilidade ............................................................. 15
   2.1 Gêneros do discurso e o legado de Mikhail Bakhtin ......... 15
   2.2 As práticas de letramento: do local ao global .................. 19
   2.3 O letramento acadêmico: teoria e prática ....................... 22
   2.4 A escrita e a leitura nas práticas de letramento acadêmico . 23
   2.5 Os desafios do letramento acadêmico na era digital ......... 27

3. Caracterizando a escrita acadêmica ........................... 31
   3.1 Aspectos gerais da escrita acadêmica ............................. 32
   3.2 Estilo da escrita acadêmica ............................................ 34
   3.3 Polifonia e intertextualidade: o diálogo entre textos ......... 36
   3.4 Conotação e denotação ................................................ 38
   3.5 As funções da linguagem e aspectos do texto literário ..... 40
   3.6 A técnica da impessoalidade da linguagem ..................... 44

4. Redação acadêmica em foco ...................................... 49
   4.1 Primeiros passos: textualidade, coerência e coesão .......... 49
   4.2 Mobilizando o conhecimento prévio .............................. 54
   4.3 Estratégias para a construção do parágrafo: tópico frasal,
sustentação, argumentação e conclusão ................................ 56
   4.4 Como selecionar, organizar e estruturar os elementos
textuais e apresentar o texto final ......................................... 62

## 5. Gêneros acadêmicos: resumo, resenha e artigo científico ............ 65
5.1 Primeiros passos para compreender os gêneros acadêmicos.................................................................65
5.2 Resumo/abstract....................................................66
   5.2.1 Características gerais ....................................66
   5.2.2 Exemplo.......................................................67
5.3 Resenha descritiva e resenha crítica .....................70
   5.3.1 Características gerais ....................................70
   5.3.2 Exemplo.......................................................71
5.4 Artigo científico ....................................................74
   5.4.1 Características gerais ....................................74
   5.4.2 Exemplo.......................................................76
5.5 Diferenciando artigo científico, *paper* e ensaio...........78
   5.5.1 Características gerais de *paper* e ensaio ......78
   5.5.2 Exemplos.....................................................79

## 6. Gêneros acadêmicos: projeto de pesquisa e monografia ............ 83
6.1 Projeto de Pesquisa...............................................83
   6.1.1 Definição ......................................................83
   6.1.2 Partes constituintes .....................................84
   6.1.3 Escolha do objeto de estudo e delimitação da problemática...................................................84
   6.1.4 Parte pré-textual..........................................86
   6.1.5 Parte textual ................................................87
      6.1.5.1 Introdução .........................................87
      6.1.5.2 Hipótese .............................................92
      6.1.5.3 Objetivos ............................................94
      6.1.5.4 Justificativa........................................97
      6.1.5.5 Metodologia ....................................100
      6.1.5.6 Fundamentação teórica .................103
   6.1.6 Parte pós-textual........................................105
      6.1.6.1 Referências .......................................105
      6.1.6.2 Anexo ................................................105

6.1.6.3 Apêndice.................................................................106
6.1.7 Linguagem do projeto de pesquisa ..........................106
6.1.8 Formatação do projeto de pesquisa ........................107
6.2. Monografia....................................................................107
6.2.1 Definição ..................................................................107
6.2.2 Partes constituintes ................................................107
6.2.3 Planejamento e pesquisa bibliográfica....................108
6.2.4 Linguagem e formatação da monografia.................109

# 7. As normas de formatação......................................... 111
7.1 As normas técnicas de formatação do texto acadêmico...111
7.2 A ABNT ..........................................................................112
7.2.1 Formatação geral do texto acadêmico .....................112
7.2.2 Citações diretas e indiretas .....................................113
7.2.3 Citação de citação....................................................115
7.2.4 Formas de citação: sistema autor-data e nota de rodapé ...............................................................................115
7.2.4.1 Grifos ................................................................122
7.2.4.2 Supressões........................................................122
7.3 Elaboração das referências bibliográficas.......................123
7.3.1 Livros com um ou mais autores................................124
7.3.2 Capítulo de livro .......................................................125
7.3.3 Artigos científicos publicados em revista.................126
7.3.4 Textos jornalísticos..................................................127
7.3.5 Monografias, dissertações e teses............................127
7.3.6 Textos publicados em anais de eventos...................128
7.3.7 Textos publicados em sites ......................................129
7.3.8 Legislação.................................................................129
7.3.9 Documento audiovisual ...........................................135
7.4 Formatação de textos eletrônicos...................................135
7.4.1 Inserção do link........................................................135
7.4.2 Acesso ......................................................................135
7.5 Dicas gerais de formatação das referências ....................136
7.5.1 Edição.......................................................................136
7.5.2 Tradução...................................................................136

8. Considerações finais .................................................... 139

REFERÊNCIAS .............................................................. 141

# 1. Considerações iniciais

Quando os estudantes entram no Ensino Superior, deparam-se com um conjunto de práticas sociais que são requisitadas especificamente nesse âmbito. Mesmo para os ingressantes no Ensino Superior que já completaram, de modo bem-sucedido, as etapas requeridas para o Ensino Médio, não é raro observar com estranheza que as habilidades de leitura, escrita, escuta e oralidade demandadas passam por grandes transformações. Adaptar-se a essas mudanças na passagem da Escola Básica para o Ensino Superior é condição para que a trajetória universitária, a caminho da profissionalização, com rigor acadêmico e científico, seja bem-sucedida e plena de descobertas.

Nesse contexto, o objetivo da obra é apresentar, aos estudantes universitários de diferentes áreas, uma abordagem didática das práticas de escrita no universo acadêmico que serão cobradas, em diferentes momentos, ao longo de sua graduação e até mesmo pós-graduação. Os conteúdos e as habilidades aqui trabalhados, inclusive, não se exaurem tão longo o diploma seja conquistado; pelo contrário, serão cobrados também após a finalização do curso superior, em cursos de especialização, de mestrado, de doutorado e mesmo no exercício de profissões que exigem relatórios ou uma escrita afinada com os valores da academia, como instituições comprometidas com a propagação de um saber constantemente submetido à validação científica.

Nesse sentido, as seguintes perguntas podem ser feitas: quais seriam os valores mais caros da universidade e das instituições ligadas à academia, como autarquias, fundações e empresas públicas ligadas à saúde, ao desenvolvimento, à implementação de políticas públicas em diversos setores (inclusive culturais) etc.? Em um amplo rol de valores, que se ligam em maior ou menos medida a diversas áreas do saber (como Saúde, Engenharias, Humanidades, Ensino, Artes etc.), podem-se citar: autonomia; critérios como observação, experimentação e análise; cultura da tolerância e da paz; empatia; ética em pesquisa; imparcialidade; metodologia reconhecida por nomes da área; neutralidade; propriedades mensuráveis; punição de má conduta; racionalidade; repertório cultural amplo; respeito aos saberes de culturas, povos desconhecidos; sensibilidade estética; e implementação do desenvolvimento sustentável em prol das gerações futuras, dentre outros. Observe-se que tais valores podem ser também compartilhados pelo universo da Escola Básica, que precisa trabalhar com os gêneros acadêmicos ao longo das diversas etapas de escolarização, em especial, no Ensino Fundamental 2 e no Ensino Médio.

O **Censo da Educação Superior** (Brasil, 2022), conduzido pelo Inep – Instituto Nacional de Estudos e Pesquisas Educacionais Anísio Teixeira, autarquia vinculada ao Ministério da Educação, divulgou, em sua última publicação, com base em dados coletados em 2020, que continua a aumentar o número de matriculados no Ensino Superior, com ênfase especial aos ingressantes de curso da Educação a Distância (EaD). Segundo o documento: "Em 2020, foram oferecidos mais de 19,6 milhões de vagas em cursos de graduação, sendo 73% vagas novas e 26,7%, vagas remanescentes." (Brasil, 2022, p. 15). Porém, no que diz respeito ao número de concluintes em curso de graduação, esse número é bem discrepante em comparação com o primeiro: "Em 2020, quase 1,3 milhão de estudantes concluiu cursos de graduação." (Brasil, 2022, p. 28). A captação de estudantes está em um crescente; entretanto, um dos maiores desafios é manter os estudantes ao longo das etapas de ensino e garantir que se formem dominando os conteúdos previstos ao longo de sua formação. Portanto, a evasão de graduandos é altíssima. Uma das explicações para esse estado de coisas é que justamente os alunos, ao entrarem na universidade, deparam-se com um universo de práticas sociais, ligadas à cultura escrita, mais elaboradas e formais, extremamente diferentes de tudo o que vivenciou até o momento. O domínio dessas práticas especificamente acadêmicas precisa ser progressivamente estimulado, em especial, para aqueles estudantes que terminaram o Ensino Médio com lacunas sensíveis de aprendizagem, que precisam ser enfrentadas, minoradas e sanadas relativamente em pouco tempo.

Mais ainda, essas lacunas educacionais vindas da Escola Básica não podem ser vistas apenas do ponto de vista do sujeito da aprendizagem: os sujeitos inserem-se em uma sociedade muito desigual, que, embora constitucionalmente garanta a busca pela implementação de maior justiça social, para todo o território brasileiro, ainda não conseguiu oferecer uma escola pública de qualidade para todos os seus cidadãos e cidadãs. Uma educação comprometida com a equanimidade, respeitando o princípio da igualdade de condições para o acesso e a permanência na escola, aproximaria esses jovens do Ensino Superior com maior autoconfiança, de modo que seu potencial seja aproveitado para vivenciar o que de melhor a universidade pode promover aos seus alunos, desde os primeiros anos, não só naquilo que diz respeito ao aprendizado das disciplinas do currículo, mas também ao desenvolvimento de pesquisa de iniciação científica, ao acesso a bens culturais que circulam nesse meio e à participação nos órgãos de decisão da instituição. O desafio, portanto, não é somente do aluno; é tanto ou ainda maior dos profissionais da educação em diferentes etapas, culminando com o Ensino Superior, uma vez que o processo educacional desempenha um papel forte de combate às injustiças sociais acumuladas ao longo de séculos no Brasil.

Além das dificuldades já reconhecidas por pesquisadores no que diz respeito às lacunas de aprendizagem, entre os anos de 2020 e 2021, o mundo sofreu as consequências da pandemia de COVID-19. Para enfrentar um quadro de alto potencial de infecção e de mortalidade, o Brasil e o mundo entraram em um longo período de execução de medidas sanitárias que incluíam o distanciamento social. Muitas salas de aulas, antes presenciais, foram virtualizadas, bem como eventos. Atividades que demandavam presença como estágios supervisionados, remunerados ou não, sofreram alteração. Ao fim, houve uma sensível alteração nos modos como alunos, pesquisadores e professores praticaram os gêneros acadêmicos nesse período, como apresentações em congressos científicos, realização de resumos, resenhas, fichamentos, relatórios, projetos de pesquisa, monografias etc., com significativo aumento do uso de gêneros discursivos mediados pelas novas tecnologias de informação e comunicação.

Tendo consciência das dificuldades e desafios, nosso compromisso é oferecer, aos jovens graduandos e aos matriculados em cursos de pós-graduação, subsídios para que possam consolidar seu aprendizado, demonstrando domínio crescente dos gêneros discursivos praticados na academia (e também fora dela), de modo a reconhecer-se como profissionalmente preparados, ética e socialmente engajados na construção de uma sociedade que promova a difusão da diversidade cultural, do saber, da ciência e da tecnologia, pela promoção de um desenvolvimento sustentável, que melhore a qualidade de vida de todos, indistintamente.

Para oferecer embasamento teórico-metodológico dos assuntos aqui trabalhados, empregam-se autores clássicos para o estudo de conceitos como língua, linguagem, letramento, com especial destaque para o "letramento acadêmico", a língua e sua função social e o funcionamento do discurso, como Mikhail Bakhtin (1895-1975), Othon Moacir Garcia (1912-2002), Brian Street (1943-2017), Angela Kleiman (1945), Paulo Freire (1921-1997) e Marcos Bagno (1961), dentre outros. Para temas relacionados à metodologia científica e à adequação às normas da ABNT – Associação Brasileira Normas Técnicas no que diz respeito à elaboração do trabalho acadêmico, o aporte principal foi delimitado a partir de autores de obras mais recentes, constantemente atualizadas. Mais ainda, os seguintes manuais da ABNT foram reiteradamente consultados, tanto em suas primeiras edições quanto em suas atualizações: NBR 6022 (sobre "Artigo em publicação periódica científica impressa"); NBR 6023 (sobre "Referências"); NBR 6027 (sobre "Sumário"); NBR 10520 (sobre "Citações em documentos"); e NBR 14724 (sobre "Trabalhos acadêmicos"). Também gostaríamos de citar o livro clássico do intelectual italiano Umberto Eco, intitulado *Como se faz uma tese* (edição de 2020), que aborda aspectos relativos ao passo a passo do bom pesquisador, o qual inclui escolha do tema, pesquisa bibliográfica, cronograma e planejamento do trabalho e escrita propriamente dita. O livro de Eco é útil para inspirar sobretudo os estudantes que buscam escrever suas monografias, dissertações e teses, eventos considerados cruciais para o reconhecimento de suas trajetórias no âmbito da universidade e de esferas que valorizam os títulos acadêmicos. Guardadas as devidas proporções, é com semelhante interesse por estimular e por dar subsídios para o sucesso do estudante no Ensino Superior que preparamos esta obra, muito baseado em nossas experiências de sala de aula e de pesquisa acadêmica no meio universitário.

A obra foi dividida em oito capítulos. Após o Capítulo 1, que apresenta as considerações iniciais deste livro, parte-se para o Capítulo 2, o qual discorre sobre o papel da ciência no mundo contemporâneo. Em seguida, no Capítulo 3, apresentam-se as principais características da escrita acadêmica, com especial relevo ao estilo do texto acadêmico, coesão e coerência textuais, conotação e denotação, dentre outros conceitos que deixam evidente o funcionamento do discurso praticado na esfera da ciência e da universidade. Por sua vez, no Capítulo 4, coloca-se a redação acadêmica em foco, ampliando o discurso para a organização do texto, a estrutura do parágrafo, as estratégias textuais, o tópico frasal, dentre outros elementos que esmiúçam a estruturação do texto escrita de modo bem organizado e significativo. Nos Capítulos 5, 6 e 7, discorre-se sobre os gêneros acadêmicos propriamente ditos, com a abordagem de gêneros textuais como resumo, fichamento, resenha descritiva, resenha crítica, artigo científico, *paper*, ensaio, projeto de pesquisa e monografia acadêmica. Para encerrar, apresentam-se as normas da ABNT – Associação Brasileira de Normas Técnicas, em enfoque específico das normas vigentes sobre referenciação bibliográfica e citações. Encerra-se este livro com o capítulo conclusivo, em que se reforçam as balizas de um bom texto acadêmico e sua importância para as boas práticas de acesso à informação, ao conteúdo científico e a pesquisas produzidas na universidade e em instituições abalizadas pelo saber produzido na academia.

Todos os capítulos do desenvolvimento serão acompanhados por destaques que são considerados relevantes para a compreensão dos temas apresentados, oferecendo sugestões de estudo e exemplificações para um diálogo profícuo com o leitor.

# 2. Letramento acadêmico: fundamentos e aplicabilidade

Para uma aproximação do universo das práticas específicas da cultura letrada na academia ou em ambientes de comunidades mais escolarizadas, apresenta-se, neste capítulo, o conceito de letramento acadêmico. Sua aplicabilidade, embora pensada inicialmente para o universo do Ensino Superior, pode também ser conjeturada para a Escola Básica, em especial, o Ensino Fundamental 2 e o Ensino Médio, quando os jovens começam a produzir textos específicos no contexto de práticas sociais que valorizam certos gêneros discursivos que circulam em instituições de ensino e pesquisa, como resumos, resenhas, comunicações científicas, fichamentos e outros. Com o avançar dos anos de escolarização do sujeito, a complexidade desses gêneros discursivos acadêmicos torna-se maior, até chegar ao Ensino Superior. Este capítulo discorrerá sobre as perspectivas para o letramento acadêmico, especialmente pensado para o contexto brasileiro, como são concebidas práticas como leitura e escrita nesse universo e qual o conceito de gênero discursivo que pode ser produtivamente apresentado ao nosso leitor.

## 2.1 Gêneros do discurso e o legado de Mikhail Bakhtin

Antes de tudo, veja-se como os gêneros discursivos são definidos seguindo a trilha dos estudos pioneiros de Mikhail Bakhtin (1895-1975), considerado a principal liderança do grupo chamado "Círculo de Bakhtin", atuante na década de 1910. Após prisão pelo regime de Stalin na URSS (União das Repúblicas Socialistas

Soviéticas), em 1928, Bakhtin foi degredado para o Cazaquistão, onde ficou até 1936, e depois foi obrigado a se manter isolado de grupos intelectuais, longe das grandes cidades. Foi professor de escolas públicas em cidades pequenas e continuou a produzir obras sem divulgação por longo período. No início da década de 1960, contudo, três estudantes universitários de Moscou, Vadim Kójinov, Serguei Botcharov e Geórgui Gátchev, conhecem o trabalho de Bakhtin e o divulgam, gerando impacto duradouro dentro e fora da então URSS.

O intelectual russo teve seu trabalho mais maduro publicizado somente após a segunda metade do século XX, nele versando sobre temas diversos. Conceitos como gênero discursivo, dialogismo, polifonia e carnavalização foram elaborados por Bakhtin e posteriormente divulgados por inúmeros estudiosos, sobretudo após a década de 1970, marcando campos como os estudos da linguagem, da literatura e da filosofia da linguagem. Os estudos de Bakhtin também influenciaram sobremaneira o ensino de línguas no Brasil e no mundo, em especial, seguindo os argumentos presentes em seu ensaio "Os gêneros do discurso", publicado, no Brasil, em tradução de Paulo Bezerra, como capítulo de *Estética da criação verbal* (Martins Fontes, 2003) e como livro homônimo pela Editora 34 (2016).

Para Bakhtin, qualquer comunicação verbal ou manifestação discursiva corre por meio de "gênero do discurso", que seriam formas relativamente estáveis de enunciado, inseridas no tempo e no espaço de sua produção, circulação e recepção. Em outras palavras, para o autor, o enunciado está sempre inserido em situações sociocomunicativas, e há uma determinação sócio-histórica da comunicação da qual não se pode escapar. Além disso, pode-se afirmar que há uma dimensão cultural para que os gêneros subsistam, se transformem e até desapareçam, de modo que mesmo os traços gerais de cada gênero estão sujeitos a mudanças, apesar da "relativa estabilidade" de cada gênero do discurso. Mais ainda, por serem tantos, pode-se dizer que é impossível delimitar quantos há hoje em circulação em todo o planeta. Leia-se abaixo como Bakhtin define o conceito de gênero do discurso:

> O emprego da língua efetua-se em forma de enunciados (orais e escritos) concretos e únicos, proferidos pelos integrantes desse ou daquele campo da atividade humana. Esses enunciados refletem as condições específicas e as finalidades de cada referido campo não só por seu conteúdo (temático) e pelo estilo da linguagem, ou seja, pela seleção dos recursos lexicais, fraseológicos e gramaticais da língua mas, acima de tudo, por sua construção composicional. [...] Evidentemente, cada enunciado particular é individual, mas cada campo de utilização da língua elabora seus tipos relativamente estáveis de enunciados, os quais denominamos gêneros do discurso (Bakhtin, 2003, p. 261-262).

Para sua classificação, é fundamental considerar os seguintes pontos: todo gênero do discurso possui um conteúdo temático – é o tema, o assunto sobre o qual se fala ou escreve. Além disso, há plano composicional – trata-se da estrutura, ou seja, dos elementos da linguagem que são considerados o arcabouço formal de um determinado gênero. Acresce-se, ainda, o estilo, que diz respeito às escolhas feitas para a concretização daquele gênero, com vocabulário, composição frasal, paragrafação etc.

Os gêneros do discurso podem ser ligados ao cotidiano e fazerem parte de ambientes mais formais. Como expressões dos usos do cotidiano, com sua maior simplicidade ou espontaneidade, há conversa casual, bilhetes, telefonema, chat de internet, comunicação por WhatsApp, lista de compras, receita culinária, texto e comentário de Instagram, anúncio de classificados, placa etc. Como parte de âmbitos complexos, há ata de condomínio, textos literários como conto, poema, romance etc., histórias em quadrinhos (que ainda podem ser classificados como gênero discursivo híbrido, por lidar com texto e imagem) etc. Adicionalmente, esses gêneros podem ser classificados como primários e secundários, para Bakhtin. Como bem destaca Valfrido da Silva Nunes:

> Ademais, o mestre soviético chama atenção para dois conceitos basilares nesta discussão: os gêneros primários e os gêneros secundários. Enquanto os primeiros estão relacionados aos gêneros mais simples formados na comunicação

discursiva imediata – gêneros da conversa familiar, das narrativas espontâneas, das atividades efêmeras do cotidiano etc. –, os segundos dizem respeito àqueles mais complexos e, relativamente, mais desenvolvidos e organizados – romances, dramas, pesquisas científicas etc. Ainda assim, é de fundamental importância não associar os gêneros primários à oralidade nem os gêneros secundários à escrita (Nunes, 2017).

Pode-se ainda afirmar que os gêneros mais complexos são aprendidos com mais vagar, ao longo de um longo período de formação, não raramente iniciado na escola. Por serem mais organizados e circularem, em muitos momentos, em âmbitos mais formais, pedem experiência e prática.

Dando um passo além, pode-se afirmar que gêneros secundários muito difundidos – ao lado dos gêneros literários reconhecidos pela tradição e outros, muitas vezes mediados pela escrita – são os gêneros que circulam na escola (em especial, no ensino médio e técnico) e na universidade, com finalidade de divulgação do saber científico ou acadêmico, como comunicação oral, currículo, ensaio acadêmico, fichamento, livro didático, livros de divulgação científica, livros de metodologia de pesquisa, livros especializados, *paper*, projeto de Iniciação Científica, resenha crítica, resenha descritiva, resumo, monografia, dissertação e tese, das mais diversas áreas (como exatas, humidades, letras, saúde e tecnologia). Inclusive, a forma, a função, o conteúdo e o estilo desses gêneros tendem a uma maior homogeneidade em diferentes países, o que nos permite afirmar que eles são mais estáveis do que uma hipotética média e relativamente pouco sujeitos à variabilidade no tempo e no espaço – muito embora essa afirmação possa ser facilmente questionada, como será visto nas próximas páginas deste livro.

Para compreender melhor esse aspecto menos permeável à oralidade e às experiências culturais comunitárias, regionais, locais, marginais ou periféricas, apresentam-se, a seguir, os conceitos de "letramento autônomo" e "letramento ideológico ou vernacular", em linha definida por Brian Street.

## 2.2 As práticas de letramento: do local ao global

As reflexões sobre letramento na atualidade apontam para as especificidades da escrita e da leitura como práticas inseridas em contextos singulares, atendendo à necessidade de comunicação por parte dos sujeitos envolvidos no processo. Os contextos das práticas de leitura e escrita possuem, cada qual, sua complexidade e demandam individualização de suas características. Antes de iniciar a reflexão sobre a dinâmica do letramento acadêmico, explicitando o conteúdo temático, a forma e a função de cada gênero textual a ser aqui estudado, bem como seu estilo e contexto de circulação, em linha definida por Bakhtin (2003), vale trazer à discussão aspectos relativos aos estudos do letramento.

Angela Kleiman define o letramento como práticas de leitura e escrita que acontecem em contextos situados: "Podemos definir hoje o letramento como um conjunto de práticas sociais que usam a escrita, enquanto sistema simbólico e enquanto tecnologia, em contextos específicos, para objetivos específicos" (Kleiman, 1998, p. 181). Para Magda Soares, entretanto, para além das próprias práticas em si, a concepção de letramento abrange o "estado" ou a "condição" de quem "exerce" as práticas sociais de letramento ou os eventos de letramento, que fazem parte de um processo maior de interações sociais. Leia-se:

> Embora mantendo esse foco nas práticas sociais de leitura e de escrita, este texto fundamenta-se numa concepção de letramento como sendo não as próprias *práticas* de leitura e escrita, e/ou os *eventos* relacionados com o uso e função dessas práticas, ou ainda o *impacto* ou as *consequências* da escrita sobre a sociedade, mas, para além de tudo isso, o *estado* ou *condição* de quem exerce as práticas sociais de leitura e de escrita, de quem participa de eventos em que a escrita é parte integrante da interação entre pessoas e do processo de interpretação dessa interação – os *eventos de letramento*, tal como definidos por Heath [...] (Soares, 2002, p. 145).

Portanto, Soares coloca em destaque que, subjacentes às práticas de letramento, há processos mais complexos. Esses podem ser de natureza cognitiva, social, política e cultural, ou ainda resultar de um maior/menor acesso à informação e a tecnologia, dentre outros. Esse fator coloca os sujeitos que exercem as práticas de leitura e de escrita em posição de usufruir ou exercer essas habilidades com maior desenvoltura, destreza ou acessibilidade.

Ao lado da ênfase ao estado/condição para exercer as práticas de letramento, a autora coloca em evidência a importância de se pluralizar o conceito:

> Na verdade, essa necessidade de pluralização da palavra letramento e, portanto, do fenômeno que ela designa já vem sendo reconhecida internacionalmente, para designar diferentes efeitos cognitivos, culturais e sociais em função ora dos contextos de interação com a palavra escrita, ora em função de variadas e múltiplas formas de interação com o mundo – não só a palavra escrita, mas também a comunicação visual, auditiva, espacial (Soares, 2002, p. 155-6).

Esse ponto de vista permite observar e distinguir os contextos e tecnologias peculiares da cultura letrada. Assim, pode-se compreender que a escrita e a leitura manifestarão características bem distintas, por exemplo, em comunidades com amplo acesso à tecnologia em comparação a comunidades que dependem sobremaneira de produtos analógicos, como o livro e o jornal impressos.

Agora é interessante observar as diferenças entre letramento autônomo e letramento vernacular, de acordo com Brian Street, um dos grandes nomes dos estudos de letramento no mundo. A distinção entre letramento autônomo e letramento vernacular ajuda a compreender que o desenvolvimento das práticas de letramento acadêmico depende do domínio de códigos específicos. Ou seja, o desenvolvimento das habilidades de leitura e de escrita características de gêneros textuais que circulam na universidade – e em outros âmbitos que com ela dialogam, como as instituições de ensino e pesquisa – acontece com o desenvolvimento de complexos sistemas de interação (em geral, com mediação de um pesquisador, docente e bibliografia especializada, com linguagem clara e objetiva), voltados para o domínio dos aspectos relativos ao gênero textual estudado. Ademais, a aprendizagem precisa ser constantemente estimulada, envolvendo treinamento e compromisso, com atividades de progressivo nível de dificuldade.

Desse modo, antes de discorrer especificamente sobre o letramento acadêmico, observe-se como Brian Street (Street, 1984) define os modelos de "letramento autônomo" e de "letramento ideológico" ou vernacular. A apropriação da leitura e da escrita acontece mediante domínio de práticas da cultura letrada, que podem ser consideradas locais (que normalmente são consideradas "menores") ou globais (em geral, são as mais valorizadas). Street delimita esses modelos, asseverando que ambos possuem enraizamento e prestígio sociais distintos. Especificamente, enquanto o modelo autônomo aponta para as habilidades individuais do sujeito, em geral, alinhadas a uma concepção de sociedade liberal, que as reproduz em contextos ensaiados ou por um modelo de educação marcadamente reprodutivista, o modelo vernacular ou ideológico é mais amplo e engloba todas as apropriações da cultura letrada praticadas por determinada comunidade, inclusive (e sobretudo) aquelas consideradas menores ou as menos prestigiadas pelos núcleos de poder.

Desse modo, o segundo modelo, ideológico ou vernacular, abre-se para a realidade específica dos sujeitos, desnudando-se as estruturas de poder que segmentam a sociedade e determinam, de algum modo, a trajetória social daqueles que não tiveram oportunidades de escolarização que os empoderassem para um mundo cada vez mais globalizado e interconectado. Em países com grande disparidade social, como o Brasil, o choque entre o modelo autônomo e o modelo ideológico pode ser ainda maior, privilegiando aqueles que têm acesso, desde a primeira infância, às práticas valorizadas pela cultura letrada oficial, mais homogênea e menos permeável aos valores compartilhados por membros de comunidades cuja trajetória social passa ao largo da cultura oficial ou, ainda, comunidades consideradas regionais, locais, marginais ou periféricas, com suas identidades alternativas, pouco afeitas a enquadramentos preestabelecidos e rígidos.

## 2.3 O letramento acadêmico: teoria e prática

Comunidades mais escolarizadas compartilham valores que tendem a criar um consenso em torno de gêneros discursivos ou textuais mais aceitos na escola e na academia. Independentemente do contexto social dos autores e leitores de um artigo publicado em uma revista científica, por exemplo, aceita-se que a escrita científica bem estruturada deve ser clara, objetiva, passível de comprovação científica e bem embasada do ponto de vista teórico-metodológico, dentre outras características.

Ao abordar as práticas de leitura e escrita valorizadas na academia, um dos pontos mais sensíveis diz respeito à desigual formação educacional ou formal dos estudantes em nosso país. Os gêneros acadêmicos podem e devem ser progressivamente abordados ao longo da escolarização do estudante. Deve-se começar por aqueles considerados menos complexos, como resumo, comunicação em painel e resenha descritiva. Progressivamente, podem-se apresentar outros, como a resenha crítica. Ao chegar à universidade, esse aluno familiarizado com a linguagem acadêmica estará mais preparado para compreende as especificidades de um projeto de iniciação científica, uma monografia de graduação ou um artigo científico.

O professor da escola básica e da universidade poderá ser considerado um agente mediador que consegue dinamizar um conjunto de recursos que favorece o aprendizado de uma linguagem que está distante da vivência de muitas famílias. Inclusive, seria bem-vindo fomentar uma "pedagogia culturalmente sensível", para falar com Bortoni-Ricardo, capaz de criar:

> [...] em sala de aula, ambientes de aprendizagem onde se desenvolvem padrões de participação social, modos de falar e rotinas comunicativas presentes na cultura dos alunos. Tal ajustamento nos processos interacionais é facilitador da transmissão do conhecimento, na medida em que ativam nos educandos processos cognitivos associados aos processos sociais que lhes são familiares (Bortoni-Ricardo, 2005, p. 120).

Em outras palavras, o desafio é valorizar o saber que os estudantes trazem a partir de suas próprias experiências e construir pontes ou contatos sensíveis com o saber que circula na escola ou na universidade. Sabe-se que não é fácil criar essas zonas de contato; mas é possível e desejável, inclusive, para que sobretudo as comunidades mais deslocadas do ponto de vista econômico, político e cultural possam alcançar maior autonomia, criticidade e possam compartilhar as riquezas produzidas pelo país.

Comunidades instruídas e preparadas para reivindicar bens materiais e imateriais por certo estarão mais próximas de alcançar a justiça social e a equidade de tão difícil alcance. Os sujeitos preparados, como cidadãos conscientes de seus direitos e responsabilidades, podem construir, divulgar e promover o saber, o saber fazer e o saber fazer acontecer (conhecimento, habilidade atitude) no contexto da sociedade do século XXI; e, consequentemente, podem, no cotidiano e de modo duradouro, promover uma sociedade mais democrática e inclusiva.

## 2.4 A escrita e a leitura nas práticas de letramento acadêmico

A escrita e a leitura certamente possuem especificidades no ambiente acadêmico. O conhecimento da sociolinguística ensina que a universidade e as instituições de ensino e pesquisa constituem espaços em que a variedade linguística de maior prestígio social, empregadas em contextos mais formais, preponderantemente circula.

Tal fato não deve justificar qualquer tipo de exclusão – linguística, social, econômica, regional, cultural etc. Pelo contrário, a universidade, em países desiguais como o Brasil, assume, como nenhum outro espaço, o papel de corrigir as gigantescas discrepâncias sociais que marcam, de modo indelével, as classes mais desprivilegiadas do país.

Portanto, é fundamental que o acesso ao Ensino Superior seja acompanhado de um especial olhar por parte de professores e gestores da universidade, em busca de desenvolver uma educação linguística que se distinga do aparato meramente normativo e prescritivo da língua, ainda presente nas diversas instâncias da vida prática. Esse cuidado vem com o intuito de incluir em especial os estudantes que não tiveram oportunidades educacionais similares aos egressos do Ensino Médio das consideradas melhores escolas do país (em geral, de escolas frequentadas e financiadas pela elite socioeconômica).

Também por isso se deve persistir no ensino de gêneros discursivos acadêmicos, para preparar os sujeitos que tiveram oportunidades desiguais para agirem socialmente também nas instâncias de poder. Contudo, dominar a leitura e a escrita de gêneros acadêmicos ocorreria não para aprofundar as diferenças sociais, e sim para combatê-las, defender igualdade de oportunidades, construir sua cidadania e dar sua contribuição para a formação de um Brasil mais justo.

Nesse sentido, acompanhando o que nos ensina Marcos Bagno, deve-se promover o ensino da adequação linguística nas escolas e respeito às demais variantes da língua. Acrescente-se que esse trabalho deve ser intensificado no Ensino Superior, que recebe estudantes de diversas classes sociais, de distintas regiões e vivências culturais. Sem rejeitar as variedades mais populares e de menor prestígio, a universidade deve promover práticas de letramento acadêmico que assegurem oportunidades equânimes aos estudantes que tiveram acesso ao Ensino Superior, independentemente de sua origem social e que, ao mesmo tempo, possam reverberar positivamente na sociedade como um todo, sobretudo dentre aqueles que não tiveram as mesmas oportunidades.

Portanto, a universidade deve assumir o papel que é também da escola básica, promovendo reflexões e práticas não preconceituosas e enriquecidas, desatentas ao papel das instituições escolares para fortalecer os espaços da democracia:

> Essas formas padronizadas se vinculam, tradicionalmente, às práticas sociais de letramento mais prestigiadas, e é dever do Estado, e, portanto, da escola, garantir que, sem prejuí-

zo de sua variedade de origem, todos os cidadãos possam conhecer e utilizar, conforme lhes pareça conveniente, as formas linguísticas que, por razões históricas, culturais e sociais (e não por supostas qualidades linguísticas intrínsecas), foram erigidas em padrão de comportamento linguístico apropriado às interações sociais mais monitoradas, mais formais, faladas e/ou escritas (Bagno; Rangel, 2005).

Aliás, com essa perspectiva, os próprios egressos da universidade poderão agir de modo mais solidário e democrático no exercício de sua profissão, sabendo que seu trabalho deverá ser desempenhado de modo a corrigir ou combater as distorções sociais características do Brasil, de herança colonial e escravocrata. Nesse sentido, a universidade pode e deve refletir sobre quão politizadas podem ser as práticas de leitura e de escrita, bem como repudiar qualquer manifestação que seja preconceituosa, como exigir que a sociedade como um todo incorpore a norma-padrão da língua portuguesa, sem considerar que os usos são históricos e sujeitos ao controle e à coerção social (Bourdieu, 2018).

E como ficariam a escrita e a leitura no ensino superior? Na universidade, sabe-se que a escrita e a leitura a serem praticadas tendem a ser mais alinhadas com os padrões mais formais da língua, ou seja, com a variedade da língua portuguesa considerada mais formal e mais aceita pela elite e pelos diferentes grupos sociais. O ensino na universidade deve enfrentar essa dificuldade com perspicácia e coragem, na direção de buscar a transformação social que tanto se deseja.

Encarar a escrita e a leitura no contexto das práticas de letramento e de multiletramentos enfatiza justamente a dinâmica social na interação com saberes que circulam na academia. As práticas de linguagem na universidade são orientadas no sentido de compreender como se dão as manifestações linguísticas no ensino superior, por meio de gêneros discursivos, na linha de Mikhail Bakhtin (2003), mais prestigiados e praticados nesse universo social, em geral, em contextos mais monitorados (e mais sujeitos, portanto, a coerções). Inclusive, os gêneros praticados na academia tendem a ser aqueles de maior estabilidade no universo de gêneros largamente praticados por diferentes grupos sociais. Esse fato ocorre, por certo, devido papel social desempenhado por cada gênero discursivo e pela promoção constante dos usos mais formais da língua entre alunos, professores e pesquisadores.

Como Magda Soares ensina, o conceito de letramento pode ser definido como "estado ou condição de quem *não só* sabe ler e escrever, **mas** exerce as práticas sociais de leitura e de escrita que circulam na sociedade em que vive, conjugando-as com as práticas sociais de interação oral" (Soares, 1999, p. 3). A autora defende, portanto, um sentido de leitura e de escrita para além do universo da decodificação ou da alfabetização. Por certo é necessário dominar os códigos da leitura e da escrita em língua portuguesa; entretanto, para além dessa visão que perpassa ainda muitas instituições educacionais, é importante criar condições para que a escrita e a leitura sejam praticadas de modo contextualizado, efetivo e adequado às suas diversas demandas sociais.

Assim sendo, as práticas de letramento na universidade carregam o sentido político e social das manifestações da escrita e da leitura, de modo que a abordagem dos gêneros discursivos podem ser transformadores somente se partirem desse pressuposto e tentarem responder, ética e democraticamente, ao chamamento pela construção de espaços que rompam com as desigualdades e que combatam as mazelas sociais.

Aliás, com o avanço das Novas Tecnologias da Informação e Comunicação, pode-se, talvez mais do que antes, comunicar-se com espaços e tempos longínquos dos contextos em que tais gêneros foram praticados. Assim, além dos gêneros discursivos marcados primordialmente pela escrita (livros, artigos, resenhas e resumos científicos, por exemplo) ou pela leitura/escuta (palestra, conferência, comunicação científica, aula, dentre outros), também hoje é possível contar com os gêneros discursivos híbridos, que lançam mão da tecnologia para chegar a diversas partes do país. Como exemplo dos gêneros híbridos que podem ser lidos/escutados e escritos/falados com mediação tecnológica, há as conferências que ocorrem na modalidade *online* e as videoaulas tão popularizadas com o crescimento do ensino na modalidade Educação a Distância (EaD).

Nas palavras de Paulo Freire, a leitura enfatiza uma relação dialógica a ser realizada com criticidade: "[...] é do ato de ler como engajamento, como busca interessada e significativa por parte do leitor em oposição à recepção passiva e indiferente que caracteriza a leitura no contexto escolar." (Freire, 1996, p. 11). A leitura crítica, assim como a escrita pautada pela criticidade, será aquela que possibilita realizar, de modo ativo, a relação entre texto e contexto, com autonomia e engajamento.

Desse modo, ao lado da leitura, as práticas de escrita também precisam ser desenvolvidas com atenção ao seu papel social enquanto promotoras do saber, do engajamento e da transformação social. Nesse sentido, a formação profissional e a pesquisa, conquistas das sociedades letradas e multiletradas, estão em posição privilegiada para exercer a crítica social e buscar o engajamento por uma educação superior comprometida com a construção de uma sociedade mais justa e equilibrada.

## 2.5 Os desafios do letramento acadêmico na era digital

O avanço das Novas Tecnologias de Informação e Comunicação em todas as esferas da vida social deixou marcas profundas nas formas de comunicação. A leitura e a escrita, próprios da modalidade verbal, misturam-se, na era digital, com outras semioses, em especial aquelas que trafegam na rede mundial de computadores. Os gêneros discursivos assumem outras características, hibridizam-se, passando a apresentar particularidades intensificadas com a exposição dos sujeitos a diversas esferas de circulação na contemporaneidade, inclusive no ensino superior.

Vê-se, na linha de Mikhail Bakhtin (2003), que os gêneros são identificados com base em suas formas de apresentação, sua composição, seu conteúdo, seu estilo, e considerando a intencionalidade dos interlocutores e as esferas em que circulam. Hoje, na academia, há uma vasta gama de gêneros discursivos tradicionalmente reconhecidos como "acadêmicos", nos mais diversos países do globo.

Podem-se facilmente identificar gêneros acadêmicos tradicionais, como comunicação oral, currículo, ensaio acadêmico, fichamento, livro didático, livros de divulgação científica, livros de metodologia de pesquisa, livros especializados das diversas áreas, *paper*, projeto de Iniciação Científica, resenha crítica, resenha descritiva, resumo, monografia, dissertação e tese das mais diversas áreas do conhecimento. Os gêneros acadêmicos dialogam com as pesquisas e os avanços mais recentes da área em que estão inseridos e facilmente podem ser distinguidos diante de outros gêneros discursivos que circulam em outros âmbitos da vida pública ou privada, como carta, conto, crônica, discurso político, entrevista, manual de instruções, notícia de periódico, poema e telegrama, dentre outros.

Os gêneros digitais, por sua vez, são marcados pela hibridez e pela mutimodalidade. Nasceram e se difundiram com a popularização da internet, inclusive transformando os gêneros característicos do mundo analógico em novos gêneros do mundo digital, incorporados e disseminados com as redes múltiplas estabelecidas nos dias de hoje, como conferências *online*, currículo *web*, fórum de disciplina elaborados para ambientes virtuais de aprendizagem (modalidade de Ensino a Distância – EaD), postagens em redes sociais com informação de interesse acadêmico ou científico, videoaulas e outros gêneros multissemióticos e hipermidiáticos, largamente explorados no contexto do ensino universitário de graduação e de pós-graduação.

Esses novos gêneros híbridos comunicam-se fortemente com aqueles do mundo analógico, sendo marcados pela sua adaptabilidade aos novos tempos. Inclusive, como afirma Bakhtin (2003), cada grupo social teria seu próprio repertório de formas de discurso, que se sucedem em uma longa cadeia de discursos; e, embora cada enunciado seja particular, de natureza individual, cada campo elaboraria seus "tipos relativamente estáveis de enunciados", denominados "gêneros do discurso". Esses enunciados formam um elo na cadeia discursiva, não necessariamente rompida com a chegada da internet. Em muitos casos, há uma clara transformação das características de certos gêneros, como aulas que, ao menos no universo do ensino à distância, migrou das paredes da sala de aula para a rede de computadores, alcançando um universo maior de sujeitos, sem alterar a essência voltada para a formação acadêmica e científica dos ouvintes/discentes.

Os gêneros, para recordar o legado de Mikhail Bakhtin, são heterogêneos, flexíveis, mutáveis. Como bem destacam Roxane Rojo e Jacqueline P. Barbosa (2015), nenhum texto, a rigor, é unimodal, visto que sempre é possível distinguir diferentes modalidades mesmo naqueles que parecem mais claramente unimodais, como é o caso de um romance cuidadosamente diagramado e editado; ou um texto falado com gestos, entonações e particularidades cenográficas que ajudam a compor o contexto da exposição oral. Nessa trilha, as autoras definem o texto multimodal ou multissemiótico como sendo:

> [...] aquele que recorre a mais de uma modalidade de linguagem ou a mais de um sistema de signos ou símbolos (semiose) em sua composição. Língua oral e escrita (modalidade verbal), linguagem corporal (gestualidade, danças, *performances*, vestimentas – modalidade gestual), áudio (música e outros sons não verbais – modalidade sonora) e imagens estáticas e em movimento (fotos, ilustrações, grafismos, vídeos, animações – modalidades visuais) compõem hoje os textos da contemporaneidade, tanto em veículos impressos como, principalmente, nas mídias analógicas e digitais (Rojo; Barbosa, 2015, p. 108).

Na contemporaneidade, os gêneros discursivos estão cada vez mais se diversificando e se tornando multimodais e hipermidiáticos. As revistas científicas, por exemplo, são hoje recheadas de imagens coloridas e hiperlinks, os quais certamente eram mais raros há poucas décadas atrás.

# 3. Caracterizando a escrita acadêmica

Este capítulo do livro volta-se para o estudo mais detido de aspectos da escrita acadêmica. Aqui se apresentam conceitos e processos que auxiliam o estudante a compreender a dinâmica da escrita que circula, em especial, nas instituições de nível superior e em instâncias que com elas dialogam, como instituições de pesquisa e editoras especializadas, encarregadas na divulgação do saber gerado na universidade.

Na universidade, teoria e prática unem-se para a sistematização do conhecimento a ser difundido e para a divulgação de novos saberes submetidos ao escrutínio e às técnicas avançadas de pesquisa. Ao divulgar esse saber especializado, há expressões linguísticas recorrentes e facilmente identificáveis, de modo a caracterizar a composição discursiva e o estilo de escrita que divulga as novas reflexões, as novas descobertas e as suas sistematizações ao público especializado e não especializado.

Veja-se, a seguir, como reconhecer certos atributos da escrita científica facilita a compreensão dos gêneros discursivos acadêmicos, sua leitura e sua disseminação, que ocorrem, em especial, por meio da escrita de livros, monografias e artigos especializados. Dentre os conceitos que colaboram no processo de inserir os estudantes de graduação nas práticas sociais da escrita acadêmica, destacam-se: textualidade, coesão, coerência, conotação e denotação, texto literário e não literário, impessoalidade do discurso, dentre outros.

Muito embora se saiba que os gêneros se flexibilizam e se hibridizam nos dias de hoje, a ênfase, neste capítulo, será dada à modalidade verbal, que ainda é presença preponderante no meio acadêmico e científico e oferece a tônica – ou seja, dos textos verbais, em especial publicações científicas, nascem muitos dos textos multimodais, como programas televisivos dedicados a informar o público geral – aos textos híbridos que circulam no cotidiano. Esses, em muitas situações, assumem a tarefa de informar o público geral e de disseminar um saber, que, do contrário, ficaria restrito aos muros da universidade.

Veja-se, a seguir, como o domínio desses conceitos e processos permite adentrar o mundo da escrita acadêmica, estabelecendo conexões claras com o saber trabalhado ao longo da formação na escola básica, sem parecer inacessível ou excessivamente encrespado ao público que adentra esse espaço.

## 3.1 Aspectos gerais da escrita acadêmica

Em 2020, o mundo enfrentou a pandemia de COVID-19, que desafiou os saberes científicos até então acumulados e a capacidade de mobilização de governos para combatê-la com eficiência. Com a COVID-19, todos os veículos de comunicação passaram a acompanhar os avanços da ciência no sentido de divulgar o que se sabia sobre o vírus causador da doença, o corona vírus SARS-CoV-2, com sua transmissibilidade altíssima e propagação rápida em nível global, e como combatê-lo no dia a dia, com aparatos como o uso da máscara, práticas diárias como higienização das mãos, até os avanços no sentido de produzir vacinas eficazes em larga escala.

No primeiro ano da pandemia – para a população que conseguiu, de fato, se isolar, o que não foi possível para boa parte da população, sobretudo os mais vulneráveis –, no insulamento de suas casas, as pessoas acompanharam, cotidianamente, notícias que buscavam traduzir, para seu público-alvo, um rol de informações atualizadas que eram disseminadas a partir de instituições com credibilidade, como a OMS (Organização Mundial da Saúde) e os informes oficiais de diversos países e suas repartições voltadas para a promoção da saúde pública.

Apesar de o conhecimento científico ter alcançado um patamar de desenvolvimento até então desconhecido, o mundo se viu diante de uma situação inédita. As instituições acadêmicas e científicas se desenvolveram, em especial no mundo contemporâneo, preparando-se para dar respostas objetivas e contundentes a situação como essa. Mas esse preparo não foi suficiente para barrar uma onda de *fake news* (notícias falsas) que prejudicou o efetivo combate ao vírus e provocou a alta mortalidade das pessoas acometidas pela doença. Foi possível ainda testemunhar o crescimento de opiniões desfavoráveis à imunização em países como o Brasil, apesar da larga tradição de aceitabilidade das vacinas por essas bandas. Então, para quem se dedicava a divulgar a informação científica com credibilidade, em especial no campo do jornalismo científico, tornou-se mais premente ensinar a discriminar o que era fato e o que era *fake news*; o que era ciência e o que era um desserviço – para não dizer um crime – à saúde pública.

Portanto, o ser humano, nos últimos anos, viveu uma realidade desafiadora. Para compreender o contexto pandêmico e vislumbrar saídas, a população acompanhou diuturnamente o que se desenvolvia em instituições governamentais e não governamentais voltadas para a promoção da saúde e para a difusão do conhecimento científico e tecnológico, nas universidades e demais instâncias de divulgação do conhecimento que com elas dialogam, como periódicos, saberes disseminados por grupos e laboratórios etc.

A escrita acadêmica desenvolve-se nesses espaços respeitando critérios já cristalizados que dizem respeito aos métodos científicos, às regras de publicação, aos passos da comprovação e da credibilidade acadêmica, às práticas de pesquisa mais consolidadas em suas áreas etc., sempre em prol da resolução de problemas que afligem a sociedade e em prol do desenvolvimento social equilibrado para todos e entre todos os membros de uma comunidade.

Nos meios em que circulam os saberes acadêmicos e científicos produzidos nas diversas áreas, é importante conhecer seus ritos, suas práticas e seus passos para a validação das reflexões e dos dados ali gerados. Em muitos momentos, sabe-se que esse contexto pode ser contaminado por opiniões, vieses e ideologias daqueles que publicam seus textos. Quando isso acontece, o escrutínio permanente – em revistas científicas de renome, há a avaliação por pares; nas defesas de dissertação de mestrado e tese de doutorado, há as bancas avaliadoras, por exemplo – poderá propor perguntas e oferecer perspectivas e saídas, validando o conteúdo que merecidamente pode ser validado e distinguindo-o daquele que precisa ser descartado, por diferentes comunidades discursivas, atentas aos mecanismos expressos e subjacentes à academia.

Portanto, a escrita acadêmica tem um impacto fortíssimo nas instituições que promovem o ensino superior e na sociedade em geral. Os novos conhecimentos gerados na academia, por sua vez, encarregam-se de renovar esse saber. Até por isso, os itens bibliográficos mais centrais são aqueles produzidos com base em referências recentes.

Com a expansão do ensino superior (mesmo que ainda não alcance números considerados ideais pelas nações modernas), o conhecimento sobre a escrita acadêmica faz-se mais relevante. Aos estudantes, é crucial conhecer as estruturas linguísticas que são mais aceitas nesse universo, as palavras que são mais acertadas para o contexto e o estilo que são dinamizados considerando as especificidades de situações comunicativas peculiares desse universo, dentre outros elementos.

Observe-se, na próxima seção, como é possível distinguir o estilo da escrita acadêmica, que procura se firmar, com autoridade, competência e confiabilidade, nas comunidades discursivas em que circula.

## 3.2 Estilo da escrita acadêmica

Os sujeitos que escrevem e leem no universo da academia objetivam compreender o que de mais inovador há em suas áreas de atuação, desenvolver suas pesquisas, produzir novo conhecimento, conseguir a validação entre pares, contribuir com os debates de seu tempo e divulgar os resultados obtidos e as reflexões inovadoras por eles gerados. Para tanto, é crucial dominar uma linguagem complexa que possui suas especificidades. Por certo, as estratégias da produção acadêmica serão mais efetivas se bem dominadas, praticadas e aceitas por comunidades de leitores ligados à academia e às instituições científicas.

Assim, para que a prática de leitura e escrita de gêneros acadêmicos gere novos dados, reflexões e possa se manter relevante com passar dos anos, é indispensável dominar as práticas que cercam o universo da linguagem acadêmica. O estudante de graduação, quando ingressa na universidade, pode sentir-se inseguro se não teve preparo prévio. Daí a importância de um estudo detido dos principais elementos ligados a esse universo, desde normas ligadas ao conteúdo e à forma dos gêneros que circulam nesse âmbito, até regras de formatação e normatização de trabalhos produzidos na academia.

Inclusive, para os trabalhos a serem publicados, é importante que se busque conhecer as regras do respectivo veículo. Isso certamente explicitará como apresentar os originais, especificando desde configuração da página até o modo de formatar referências, que, em geral, quando publicados no Brasil, seguem as normas de publicação da ABNT – Associação Brasileira de Normas Técnicas. Quando as regras de publicação não são seguidas, os trabalhos normalmente são recusados pelo corpo editorial.

Além desses elementos de forma, o estilo da linguagem acadêmica precisa ser seguido nos gêneros discursivos praticados na academia. Recomenda-se sempre seguir a norma culta da língua portuguesa (ou de qualquer outra língua em que o texto será publicado), o que indica um tom mais cerimonioso e polido. Aliás, como afirmam Faraco e Zilles, é importante localizar a norma culta como uma variedade no meio de outras variedades, aquela avaliada como a mais aceita e mais adequada para situações formais, devendo ser estudada de modo crítico, realista e reflexivo, considerando-se a realidade de nosso país, ainda marcado por uma profunda exclusão de grande parte da população das práticas sociais ligadas à cultura letrada (Faraco; Zilles, 2017).

Nos textos acadêmicos, o tom formal da linguagem deve ser empregado – ou seja, o tom mais aceito em ambientes de trabalho, escola, universidade, repartições públicas etc.–, deixando a informalidade para a vida íntima ou privada, que flexibiliza esse tom. Ou seja, o tom mais informal ou coloquial é mais adequado a situações informais, em que as gírias são mais toleradas, bem como termos do cotidiano que exprimem intimidade, espontaneidade, fluidez comunicativa entre falantes etc.

## 3.3 Polifonia e intertextualidade: o diálogo entre textos

Polifonia e intertextualidade são conceitos que apresentam algumas conexões, mas possuem histórias diferentes. Compreender os processos de construção de um discurso polifônico ou de funcionamento da intertextualidade ajudará na escrita do discurso acadêmico autoral robusto. Mais do que isso, auxiliará a compreender questões que estão por trás do diálogo que deve haver entre o texto em construção e as citações (diretas e indiretas, como a paráfrase) que são articuladas a partir desse centro (ou seja, a remissão a outros textos feita a partir da escrita do novo texto em processo), evitando, desse modo, suspeitas de plágio ou de falta de ética acadêmica, que podem macular anos de investimento em uma carreira ligada a universidades e a instituições de ensino de pesquisa. Aliás, o próprio plágio é considerado um tipo de intertextualidade (totalmente rejeitado no meio acadêmico), como se pode ver a seguir.

Por intertextualidade, conceito elaborado por Julia Kristeva, compreende-se que os textos apresentam marcas (que podem ser formais ou estruturais, semânticas ou conceituais) que remetem a outros textos ditos ou escritos. Nenhum texto fala sozinho: ele se comunica com vários outros, processo o qual ela identifica com o conceito da intertextualidade. Kristeva, expoente do estruturalismo francês, retomou o pensamento de Mikhail Bakhtin e, em especial, os conceitos de dialogia e de polifonia no que diz respeito ao discurso, para defender essa remissão, manifesta ou subentendida, entre os textos. Como afirma Tania Carvalhal:

> A compreensão de Bakhtin de texto literário como 'mosaico, construção caleidoscópica e polifônica, estimulou a re-

flexão sobre a produção do texto, como se constrói, como absorve o que escuta. Levou-nos, enfim, a novas maneiras de ler o texto literário [...] (Carvalhal, 2006, p. 49-50).

Para Bakhtin, enquanto a dialogia é um fenômeno discursivo específico, o qual implica que todo discurso vivo é, a rigor, dialógico, pois se situa a partir de uma troca significativa e socialmente situada com a alteridade, a polifonia é um fenômeno que aponta para as diversas vozes que circulam no interior de um texto, um recurso radicalizado por autores modernos. O exemplo maior, a quem o autor dedica um importante livro de crítica literária, é Fiódor Dostoiévski. Se Tolstói oferece o exemplo de um texto "monoliticamente monológico", Dostoiévski constrói um romance polifônico exemplar no diz respeito o equilíbrio de vozes, sem um centro que pese e que anule os demais pontos de vista. Mais ainda, para o autor, o romance polifônico só poderia ocorrer na modernidade, na medida em que traduz o auge do capitalismo e o consequente isolamento social que submete todas as pessoas:

> De fato, o romance polifônico só pode realizar-se na época capitalista. Além do mais, ele encontrou o terreno mais propício justamente na Rússia, onde o capitalismo avançara de maneira quase desastrosa e deixara incólume a diversidade de mundos e grupos sociais, que não se afrouxaram, como no ocidente, seu isolamento individual no processo de avanço gradual do capitalismo (Bakhtin, 1997, p. 19).

A polifonia, segundo Bakhtin, é um fenômeno específico, que se radicaliza na modernidade, com as várias vozes se manifestando nos textos. Para ele, a multiplicidade e a pluralidade de vozes passam a ser recursos fortemente trabalhados por autores diversos. Portanto, é um recurso literário que pode ser claramente situado na modernidade e analisado em textos que não aderem a um ponto de vista único, monológico.

Desse modo, os universos do dialogismo, mais geral, e da polifonia, mais singular, trabalhados por Bakhtin, ofereceram, então, a base teórica para que Kristeva criar o conceito divulgado na revista

*Tel Quel*, em 1969: "todo texto é absorção de transformação de outro texto. Em lugar da noção de intersubjetividade, se instala a de intertextualidade, e a linguagem poética se lê, pelo menos, como dupla" (Kristeva, 1971 *apud* Carvalhal, 2006, p. 50).

A partir daí, a intertextualidade ganhou vida própria, única, significando que o diálogo entre textos é amplo e pode traduzir não apenas as citações diretas e indiretas, as paráfrases, as retomadas de ideias de outros autores para comentá-las, absorvê-las ou refutá-las, mas também o diálogo entre textos verbais e não verbais, como o diálogo de um texto literário com o cinema, com as histórias em quadrinhos, pintura, música etc. Essa rede de diálogos com várias linguagens e gêneros é cada vez mais intensa e ampla; portanto, empregar a intertextualidade como recurso de aproximação entre autores e textos verbais e não verbais é um fenômeno muito produtivo hoje, inclusive na academia.

## 3.4 Conotação e denotação

Os conceitos de "conotação" e "denotação" são muito empregados para classificar palavras do ponto de vista semântico, ou seja, na perspectiva de seu significado.

Em linhas gerais, a conotação aponta para o sentido ampliado do dicionário, o sentido figurado das palavras, quando elas são empregadas para apelo emocional, fugindo ao senso comum. Mais ainda, ditos populares, piadas, provérbios e declarações sentimentais empregam conotação à exaustão, justamente porque essas rupturas de sentido ou de expectativas de sentido valorizam as mensagens poéticas, emotivas ou literárias.

Por sua vez, a denotação é empregada quando o sentido aponta para as acepções literais ou referenciais da palavra. Essas acepções são as primeiras que aparecem em um dicionário.

Leiam-se abaixo os dois excertos. Em qual deles há ocorrências de conotação? Em qual deles você enxerga uma predominância do sentido denotativo?

**Quadro 1:** Exemplos de conotação e denotação.

Veja os exemplos 1 e 2 e assinale se há predomínio de conotação ou denotação em cada um deles.

**EXEMPLO 1**
Cada macaco no seu galho.

**EXEMPLO 2**
À CNN Rádio, o virologista Flavio da Fonseca disse que a alteração é necessária, já que "existe um erro histórico na adoção da nomenclatura."
"O vírus foi descoberto na década de 50 afetando macacos em um zoológico da Europa, mas eles são tão afetados quanto nós, mesmo na África, são roedores que passam para macacos e homens", disse. [...] (Referência: GARCIA, Amanda. Mudança de nome da varíola dos macacos corrige "erro histórico", diz virologista. **CNN Brasil**, 29 nov. 2022. Disponível em: https://www.cnnbrasil.com.br/saude/mudanca-de-nome-da-variola-dos-macacos-corrige-erro-historico-diz-virologista/. Acesso em: 20 fev. 2023).

**Resposta do exemplo 1:** Ditado popular, de domínio público: predomínio da conotação. Esse ditado popular reforça o sentido de que as pessoas devem cuidar de seus próximos negócios, problemas, sem invadir o espaço do outro. É um modo bem humorado que revela a tendência da sociedade moderna ao individualismo.

**Resposta do exemplo 2:** Artigo de divulgação científica: predomínio da denotação. Aqui a ênfase é na acepção referencial da palavra: macaco. O trecho acima foi retirado de periódico de divulgação científica sobre a hipótese de a transmissão da varíola dos macacos ser realizada por roedores; os macacos também seriam vítimas da doença.

**Fonte:** as autoras.

Os processos de reconhecer e analisar esses mecanismos da linguagem ajudam a compreender como as palavras possuem recursos expressivos únicos. Leitor e escritor, sagazes, saberão empregar bem a conotação e a denotação para tornar seu texto mais impactante do ponto de vista do conteúdo que comunicam e dos efeitos expressivos que buscam causar.

## 3.5 As funções da linguagem e aspectos do texto literário

Outra classificação muito explorada desde o ensino médio diz respeito às diferenças entre texto literário e texto não literário. O texto literário recebe essa classificação quando pertence aos gêneros discursivos literários, como poema, romance, conto, crônica etc. A linguagem é elaborada a fim de impactar o leitor, de modo que ele saia de sua zona de conforto e se sinta estimulado, sensibilizado pelas palavras poéticas.

O texto literário faz largo emprego da conotação, conceito estudado no subcapítulo anterior. Em geral, além da linguagem poética centrada na mensagem, ou seja, na articulação entre forma e sentido da linguagem, pode também trazer as visões, as perspectivas e as ideologias do autor, do narrador e dos personagens (sendo que todas elas são distintas, claro). Há abertura para uso da linguagem figurada, como metáforas, metonímias, símbolos, ritmo, imagens poéticas etc. Sentidos e emoções são amplificados no texto literário, o que justifica que, a cada nova leitura, novos sentidos possam sugerir e seduzir novas gerações. Esse é o potencial do texto que engendra a plurissignificação, a fim de transfigurar o sentido literal e alcançar o máximo potencial significativo que a palavra poética pode conseguir. Estimula, da parte daquele que lê, a competência literária e a competência criativa, o que, em geral, caminha com um sentido mais rico do que é ser humano, do que é interagir com os outros, ser parte de uma comunidade, de uma sociedade local e global.

Por sua vez, o texto não literário aponta para o sentido referencial, denotativo, sem ambiguidades e plurissignificação. Essa denotação não apresenta o sentido estético presente no texto literário. No geral, não tem o sentido de agradar, mas, sim, de informar, ater-se aos fatos.

O intelectual Roman Jakobson, em seu texto "Linguística e Poética", ensaio presente no volume brasileiro *Linguística e Comunicação* (1974), definiu os seis elementos da comunicação: o emissor, o receptor, a mensagem, o código, o canal e o referente. A partir da ênfase em cada um desses elementos, é possível determinar a função da linguagem preponderante (reforce-se que é bem difícil localizar apenas uma função da linguagem; o que importa é que, em geral, uma delas é predominante). Observe-se abaixo o quadro sobre os "Elementos da comunicação e as funções da linguagem", com suas definições, acompanhados de exemplos.

**Quadro 2:** Elementos da comunicação e funções da linguagem

| Elementos da Comunicação | Funções da linguagem |
|---|---|
| **Emissor** Aquele que envia a mensagem ao receptor | **Função emotiva** Quando a ênfase é dada ao emissor ou remetente da mensagem, ocorre a função emotiva, que se manifesta por meio de verbos e pronomes em primeira pessoa. Um diário (bem como outros exemplos das escritas de si) que está centrado nas experiências do eu trabalha com a função emotiva. |
| **Receptor** Aquele que recebe a mensagem do emissor | **Função conativa** A ênfase no receptor ou destinatário da mensagem ocorre quando o "tu" ou "você" dão a tônica ao discurso. Aqui se empregam largamente o imperativo, verbos e pronomes na segunda pessoa ou com função de segunda pessoa, embora estejam em terceira pessoa (é caso de "você"). Como exemplo de gênero que emprega a função conativa, observem-se as propagandas. |

| Elementos da Comunicação | Funções da linguagem |
|---|---|
| **Código** O código permite que a mensagem seja decodificada por um sistema linguístico, por exemplo, pode ser verbal, não verbal, gestual etc. Aqui entram os conjuntos de signos da língua portuguesa e de outras línguas. | **Função metalinguística** Quando o código está em pauta preferencial, ocorre a função metalinguística. Como exemplo, observe-se como os vocábulos do dicionário estão dispostos de modo a orientar-se em direção ao código da língua portuguesa. |
| **Canal** É o meio que serve de passagem para a mensagem, tais como rádio, telefone, celular, TV, jornal etc. | **Função fática** A função é tipicamente aquela que ocorre quando se testa o canal, se observa que o canal consegue unir emissor e receptor, transportando a mensagem. Exemplo: alguém que ao telefone diz "alô"; ou alguém que diz "psiu" no microfone para verificar seu funcionamento. |
| **Mensagem** Consiste na parte material da comunicação propriamente dita; abrange o conteúdo da comunicação. | **Função poética** No poema e em outras expressões literárias da linguagem, o autor seleciona elementos estéticos, com ênfase na palavra ou mensagem, de modo que causem estranhamento no leitor, com amplo uso de musicalidade, metáforas, ritmos etc. |
| **Referente** É o contexto, a situação, as pessoas e os objetivos sobre os quais se fala. | **Função referencial** A função referencial é aquela cujo peso está no assunto, processo, objeto ou pessoa sobre o qual se fala. Aqui os verbos e pronomes estão orientandos para a terceira pessoa. Exemplo disso são os artigos de jornal dedicados a esclarecer a população sobre alguma ocorrência, como enchentes. |

**Fonte**: as autoras, com base em: Jakobson, 1974.

A nomenclatura de Jakobson é particularmente útil para nos dar outros elementos para além do sentido conotativo ou denotativo presente nos textos literários. Note-se que o sentido denotativo é aquele que mais se aproxima do que defende Jakobson por função referencial. Isso acontece por conta da ênfase ao assunto, ao referente, às coisas, pessoas e objetos que constituem o tema do texto.

Por outro lado, os textos literários, como diz Jakobson, fazem largo uso da função poética. Mas não só: ele pode exprimir a subjetividade (função emotiva) ou ser endereçado a uma segunda pessoa, em forma de apelo (função conativa). Além disso, a poesia moderna, ao lançar luz sobre a própria construção do texto poético, ao indagar sobre suas formas de produção e publicação, também emprega a função metalinguística. É o caso do poema de João Cabral de Melo Neto, "Catar feijão", do livro *Educação pela Pedra*, em que a atividade de "catar feijão" é explicitamente comparada à atividade poética, que inclui a escolha cuidadosa de palavras, a seleção cuidadosa que exclui tudo o que sobra etc. Leia-se a seguir:

### Catar feijão

Catar feijão se limita com escrever:
joga-se os grãos na água do alguidar
e as palavras na folha de papel;
e depois, joga-se fora o que boiar.
Certo, toda palavra boiará no papel,
água congelada, por chumbo seu verbo:
pois para catar esse feijão, soprar nele,
e jogar fora o leve e oco, palha e eco.

2.

Ora, nesse catar feijão entra um risco:
o de que entre os grãos pesados entre
um grão qualquer, pedra ou indigesto,
um grão imastigável, de quebrar dente.
Certo não, quando ao catar palavras:

a pedra dá à frase seu grão mais vivo:
obstrui a leitura fluviante, flutual,
açula a atenção, isca-a como o risco.
(Melo Neto, 1979, p. 21-22).

Indicaram-se, nesta seção, alguns elementos que justificam designar um texto como literário ou não literário. Em muitos momentos, essa tarefa é desafiadora, sobretudo quando há uma ênfase em outros elementos para além do trabalho detido com a mensagem do texto (o que, na linguagem de Jakobson, seria a função poética). De qualquer modo, o estudante aqui possui mais elementos para defender seu ponto de vista.

## 3.6 A técnica da impessoalidade da linguagem

Ainda aproveitando o que foi aprendido na seção anterior sobre as funções da linguagem segundo Jakobson, observe-se que, se a pessoalidade está presente em textos carregados de emotividade e de subjetividade, pelo contrário, a impessoalidade manifesta-se na escrita aparentemente neutra, em que não há clara menção a opiniões, perspectivas e sentimentos de uma pessoa. Um texto muitas vezes marcadamente pessoal é a canção, como a música "Velha Infância", dos *Tribalistas* (2002). Observem-se nela as ocorrências de pronomes de primeira pessoa como "eu", "mim", "meu" etc.

Você é assim
Um sonho pra mim
E quando eu não te vejo

Eu penso em você
Desde o amanhecer
Até quando eu me deito

Eu gosto de você
E gosto de ficar com você

> Meu riso é tão feliz contigo
> O meu melhor amigo é o meu amor
>
> E a gente canta
> E a gente dança
> E a gente não se cansa
> De ser criança
> Da gente brincar
> Da nossa velha infância [...]

Também é carregado de pessoalidade o texto em que esteja presente a função conativa da linguagem, visto que a escrita se orienta à segunda pessoa, ao "tu" do discurso ou ao pronome de tratamento "você", empregado como pronome pessoal de segunda pessoa do singular, embora o verbo e os demais pronomes fiquem também em terceira pessoa. Portanto, observa-se claramente a ênfase que também se dá a pronomes como "você" (pronome de tratamento com valor de segunda pessoa, ou seja, a pessoa com quem se fala, com verbo em terceira pessoa) e "te" estão presentes na canção "Velha Infância".

Com relação aos gêneros discursivos acadêmicos, há uma nítida e incontestável tendência à impessoalização do discurso. Ou seja, qualquer marca de subjetividade é obliterada, dando destaque ao assunto tratado no texto, de modo a atenuar manifestações de ideologias, opiniões e sentimentos.

Do ponto de vista gramatical, igualmente é possível identificar aspectos que tornam a linguagem acadêmica neutra. Há uma impessoalização discursiva quando se empregam expressões em que o agente do discurso fica oculto, como as seguintes orações em que há verbo de ligação: "é desejável", "é importante", "é necessário", "é preciso", "é urgente", "é indispensável" e "é premente", dentre outros.

Mais ainda, há verbos que não explicitam a pessoa do discurso porque o sujeito não indica uma pessoa, mas coisa, objeto, processo etc.: "urge reconhecer os fatos"; "importa encontrar novas soluções". Aqui, orações reduzidas de infinitivo funcionam como sujeitos, respectivamente: "*reconhecer os fatos*" e "*encontrar novas soluções*". Do ponto de vista sintático, seriam classificadas como "oração subordinada substantiva subjetiva reduzida de infinitivo".

Há também os casos de sujeito indeterminado, como nos seguintes períodos complexos: "precisa-se reaver a eficácia dessa prática"; "necessita-se encontrar uma nova voz", dentre outros. Nesses casos, a partícula "se" que acompanha o verbo é índice de indeterminação do sujeito. Os verbos, se não estivessem indeterminados, funcionariam como verbos transitivos indiretos, ou seja, pediriam a preposição "de": *quem precisa precisa de algo*; *quem necessita necessita de algo*. Quando há um sujeito indeterminado com partícula "se", o verbo sempre fica na terceira pessoa do singular.

Em semelhante linha, o uso da voz passiva sintética tende a neutralizar o discurso, como se vê em: "Descobrem-se, a cada ano, novas doenças contagiosas"; "Esperam-se, há horas, sobreviventes"; ou "Compram-se em demasia insumos que não são necessários"; ou "Pesquisa-se pouco o aquecimento global na instituição, quando seria importante ampliá-lo muito mais." Observe que, nesses casos, o verbo fica na terceira pessoa do singular, com a partícula apassivadora (que indica a voz passiva), se o núcleo do sujeito paciente estiver no singular (é o caso de *doenças*, *sobreviventes*, *insumos* e *aquecimento*).

Observe-se também que é possível generalizar o sujeito de modo a não identificá-lo com uma certa pessoa. Isso acontece em "nós concluímos que", ao invés de "minha conclusão é"; ou mesmo "a gente pode concluir que" – embora "a gente" seja mais usado em contextos informais. Observe-se o efeito de sentido generalizante em: "Com base nesse estudo, *nós* podemos propor que os estudantes façam um protótipo eficiente para a solucionar a infiltração". Aqui, pronomes e verbos ficam na primeira pessoa do plural.

Dominar esse recurso de construção da impessoalização discursiva é importante para quem escreve um texto acadêmico. Aliás, sugere-se que a decisão seja feita tão logo se inicie a escrita do trabalho. Se houver opção pela indeterminação mais radical, deve-se empregar as estruturas que indeterminam o sujeito ou as orações na voz passiva. Se a opção for pelo uso da primeira pessoa do plural, então verbos e pronomes deverão estar em conformidade com essa opção. Sugere-se que a escolha por essas estratégias seja sempre consciente.

Para completar esse item, é interessante recuperar o conceito de "discursividade" em confronto com as estratégias de pessoalização e impessoalização do discurso. Compreende-se que toda a dinâmica de produção de novos sentidos possui um caráter sócio-histórico-cultural, o que também compreende uma natureza discursiva, como foi visto até o momento. Por mais que um texto possa tender à impessoalização, ou seja, por mais que a heterogeneidade não se demonstre às claras, não há como negar que a trama discursiva, se cuidadosamente analisada, revela perspectivas ou pontos de vista múltiplos – ou seja, sua discursividade –, o rastro de escolhas conscientes ou inconscientes, matizadas ou expressas, dos sujeitos inseridos em processo dialógico, que agem em contextos discursivos determinados para comunicar algo.

Se todo discurso é heterogêneo, como Bakhtin deixa patente ao discorrer sobre várias vertentes do conhecimento, como a linguística, a filosofia, a psicanálise, a biologia e outros campos (*cf.* Brait, 2012), é da natureza do texto não caber totalmente em formas absolutamente pré-determinadas. Sob o aspecto manifesto de neutralidade, o discurso científico não deixa de ser heterogêneo (mesmo porque pressupõe uma interação do escritor ou escritores com outros acadêmicos e leitores, em uma corrente difícil de mensurar em processos temporais mais longos), afirmando e reafirmando, ao longo dos tempos, suas principais características, como a neutralidade, a imparcialidade, a objetividade e a impessoalidade. Assim, o discurso científico trabalha de modo a atenuar marcas de identidade (como gênero, etnia, região etc.), valores, influências pessoais, culturais e outros elementos que demonstram espaços discursivos próprios, os quais poderão ser flagrados por leitores mais atentos a essas chamadas interferências diante do arcabouço neutro da ciência.

De qualquer modo, é importante fazer um adendo: a discussão sobre a neutralidade do "eu" não significa que esteja terminantemente proibido ou totalmente inadequado empregar a primeira pessoa do singular (o ponto de vista do enunciador); apenas essa forma é menos constatada nas práticas do discurso acadêmico e, nesse sentido, não costuma ser estimulada nas orientações sobre como produzir textos que circulam nessa esfera.

Portanto, na divulgação de reflexões e dados científicos considerados de vanguarda em suas áreas de trabalho, ensino e pesquisa, certamente se tende a privilegiar a neutralização do emissor. Mas isso não impedirá que, ao fornecer subsídios para os caminhos da própria ciência, nas mais diversas áreas, manifestem-se graus variáveis de subjetividade e de discursividade, sem prejuízo do próprio texto acadêmico, que terá sempre o seu lugar de destaque – e sujeito a críticas, avaliações e reavaliações sucessivas – em uma sociedade comprometida com o aperfeiçoamento científico, ético, humanístico e tecnológico da humanidade, em perspectiva democrática e solidária.

# 4. Redação acadêmica em foco

Este capítulo apresenta um viés prático no sentido de preparar o leitor a compreender as estratégias textuais mais conhecidas para a prática de gêneros acadêmicos. O objetivo é oferecer ferramentas e reflexões que deem a base para a leitura e a escrita de textos acadêmicos e científicos que circulem na academia, com compromisso focado na informação fidedigna e na argumentação bem construída, bem como na responsabilidade diante das teias e redes de sentido que se formam a partir de práticas discursivas historicamente situadas. Nesse passo, parte-se de noções mais gerais, como os fatores de textualidade, até alcançar noções mais específicas, que ajudam a "armar" a estrutura da escrita acadêmica, com clareza, objetividade e confiabilidade científica.

## 4.1 Primeiros passos: textualidade, coerência e coesão

Como Ingedore Villaça Koch (2003, p. 25) afirma, o texto recebeu, desde suas origens, definições no campo da Linguística Textual como:

a. unidade linguística (do sistema) superior à frase;
b. sucessão ou combinação de frases;
c. cadeia de pronominalizações ininterruptas;
d. cadeira de isotopias;
e. complexo de proposições semânticas (Koch, 2003, p. 25).

Em seguida, a autora (Koch, 2003, p. 25-6) apresenta as seguintes orientações de natureza pragmática largamente conhecidas que foram desenvolvidas na busca por uma definição do que é o texto:

a. pelas teorias acionais, como uma sequência de atos de fala;
b. pelas vertentes cognitivistas, como fenômeno primariamente psíquico, resultado, portanto, de processos mentais;
c. pelas orientações que adotam por pressuposto a teoria da atividade verbal, como parte de atividades mais globais de comunicação, que vão muito além do texto em si, já que este constitui apenas uma fase desse processo global (Koch, 2003, p. 25-6).

Para a autora, entretanto, o texto parte de uma atividade comunicativa na mente humana (portanto, há uma dimensão individual inescapável), compreendendo processos, operações e estratégias inerentes a essa dimensão. Desse modo, quando se pensa em diálogo ou uma troca, emerge a dimensão sociointeracional, necessária para que a comunicação se torne concreta, palpável, um fato da existência humana em seu colocar-se no mundo ao lado de outros, junto com outros, em movimento dialético com a alteridade:

a. a produção textual é uma atividade verbal, a serviço de fins sociais e, portanto, inserida em contextos mais complexos de atividades (*cf.* capítulo anterior);
b. trata-se de uma atividade consciente, criativa, que compreende o desenvolvimento de estratégias concretas de ação e a escolha de meios adequados à realização dos objetivos; isto é, trata-se de uma atividade intencional que o falante, de conformidade com as condições sob as quais o texto é produzido, empreende, tentando dar a entender seus propósitos ao destinatário através da manifestação verbal;
c. é uma atividade interacional, visto que os interactantes, de maneira diversa, se acham envolvidos na atividade de produção textual (Koch, 2003, p. 26).

Koch explicita, nesse excerto, que a produção textual é uma atividade humana com determinada finalidade, com objetivos a serem alcançados. Quando fala em "atividade", reforça que se trata de uma ação intencional que deixa marcas no mundo, transformando-o e ressignificando-o.

Essa percepção ajuda a compreender o que significa a textualidade, conceito que a aponta para todos os elementos necessários para que o texto se materialize (falado ou escrito). Caminham ao lado da estrutura do texto questões mais amplas que dizem respeito ao aspecto pragmático e à ideologia. Todos os elementos atuam em colaboração para que a interação sociocomunicativa aconteça, de modo que o texto seja reconhecido e aceito com tal.

Dentre os fatores de textualidade como mecanismos de funcionamento dos textos e de elaboração de sentidos, merecem destaque a coerência e a coesão. Esses termos, de natureza linguística e conceitual, apontam para fatores determinantes para a articulação de textos bem estruturados e significativos. A coerência diz respeito à construção de sentidos, ao conteúdo do texto, à conexão de ideias aos fatos, ao assunto tratado. Quando se diz que um texto é coerente, sabe-se que ele evita contradições, falta de clareza, ambiguidade etc. Portanto, a coerência implica o sentido e a interpretação. Inicialmente, por coerência, reforçava-se justamente a aceitabilidade do texto pelo ouvinte, mas, com o tempo, passou-se a reforçar a situação sociocomunicativa, ou seja, a ligação do termo com as condições de produção, circulação e recepção do discurso. Para Koch e Travaglia:

> A coerência está diretamente ligada a possibilidade de se estabelecer um sentido para o texto, ou seja, ela é o que faz com que o texto faça sentido para os usuários, devendo, portanto, ser entendida como um princípio de interpretatividade, ligada à inteligibilidade do texto numa situação de comunicação e à capacidade que o receptor tem para calcular o sentido de um texto (Koch; Travaglia, 1991, p. 21).

Assim, a coerência é constatada na interação, no processo comunicativo propriamente dito; portanto, parte da semântica e vai além, abarcando a pragmática e o contexto da produção discursiva. Ou seja, como todo ato comunicativo ocorre atendendo à dinâmica de produção dos gêneros discursivos, deve apresentar coerência do ponto de vista do conteúdo, o que não se separa da estrutura, do estilo, do contexto sociocomunicativo e da finalidade do discurso.

Do ponto de vista da produção do discurso acadêmico, portanto, as particularidades que dizem respeito à esfera de comunicação acadêmica e científica precisam ser atendidas, como coerência teórica e metodológica da pesquisa, inclusive a terminologia técnica, levada a cabo pelo autor ou autores.

Se a compreensão do texto é do ponto de vista do discurso, fica patente que coerência e coesão andam juntos, como se pode notar pela própria definição de gênero discursivo. Para um enunciado discursivo atender à finalidade da comunicação, os recursos propriamente gramaticais e linguísticos precisam ser bem empregados, ou seja, do ponto de vista da forma e da estrutura do texto, do "como dizer", o texto precisa ser lido como adequado e bem articulado ao gênero discursivo em pauta.

Por recursos da língua que atuam na estrutura do texto, Koch destaca dois elementos: a remissão e a sequenciação. Para a autora, a coesão por remissão pode "desempenhar quer a função de (re) ativação de referentes, quer a de 'sinalização' textual" (Koch, 2003, p. 46); por sua vez, a coesão por sequenciação "é aquela através da qual se faz o texto avançar, garantindo-se, porém, a continuidade dos sentidos" (Koch, 2003, p. 52).

Em resumo, a coesão por remissão ocorre quando a estratégia funciona para acionar ou reativar o referente, a informação, o assunto tratado, o conteúdo ou o tema enquanto elemento propriamente linguístico. Do ponto de vista textual, a remissão fórica é um dos recursos sintáticos mais conhecidos: ela diz respeito à retomada da referência que ocorre de termos ou sintagmas anteriores (a remissão anafórica) ou posteriores (a remissão catafórica) dentro de um período.

Leiam-se os exemplos dados abaixo:

**Exemplo 1**: *Há muitos desalojados após as chuvas em São Sebastião.* **_Eles_** *estão em abrigos dentro e fora da cidade.*
O pronome pessoal do caso reto "eles" retoma o referente dado anteriormente: **_desalojados_**. Portanto, há uma remissão anafórica.

**Exemplo 2**: *O problema será **este**: os eventos extremos da natureza serão cada vez mais comuns.*

O pronome demonstrativo "este" antecipa o sintagma verbal "os eventos extremos da natureza serão cada vez mais comuns". Então, aqui se tem uma remissão catafórica.

Observe-se, agora, como funciona a coesão por sequenciação. Ela diz respeito à sequência de palavras, sintagmas, orações ou períodos em um enunciado, de modo lógico e que faça sentido ao receptor. Assim, essa sequenciação implica tanto a forma, quanto o conteúdo; dito de outro modo, tanto aspectos propriamente linguísticos, quanto o sentido que os elementos do texto exprimem. Veja-se abaixo um exemplo que diz respeito à ordenação de períodos do texto seguindo elementos ou palavras de transição, sequenciação ou conectores discursivos, como conjunções, preposições, advérbios e numerais. Segue excerto do qual serão retirados os exemplos:

> Atualmente, a Educação Infantil no município de Campo Grande se encontra instituída e a Educação Especial se constitui gradativamente nesta etapa de ensino. O processo de inclusão, o trabalho dos professores da EI [Ensino Infantil] e o entendimento das concepções destes sobre inclusão, apresentaram-se como um processo inicial, necessitando de mais estudos e aperfeiçoamento das ações, pois os professores ainda não compreendem a inclusão como um processo que se ancora em ações construídas coletivamente, e que envolve questões relativas à formação, condições de trabalho e infraestrutura da escola para dar sustentação as suas práticas pedagógicas. O desafio, portanto, é a educação inclusiva consolidar-se em forma de reconhecimento e compreensão da criança com deficiência, de estar junto para aprender, respeitados os ritmos e as diferenças das crianças (Brostolin; Souza, 2023, p. 60).

Exemplo 1: ***Atualmente****, a Educação Infantil no município de Campo Grande se encontra instituída e a Educação Especial se constitui gradativamente nesta etapa de ensino* (Brostolin; Souza, 2023, p. 60).

A sequenciação temporal, representada, no exemplo acima, por "atualmente", ocorre também pelas seguintes palavras ou expressões: antes de, após, até que, atualmente, depois de, em seguida, hodiernamente, hoje, na atualidade, no passado, nos dias de hoje e quando, dentre outros.

Exemplo 2: *O desafio, **portanto**, é a educação inclusiva consolidar-se em forma de reconhecimento e compreensão da criança com deficiência, de estar junto para aprender, respeitados os ritmos e as diferenças das crianças* (Brostolin; Souza, 2023, p. 60).

Acima, o conectivo conclusivo "portanto" desempenha a função de sequenciação, tais como outras palavras e expressões com sentido conclusivo, como: à guisa de conclusão, em suma, enfim, então, logo, para que, por fim, dentre outros.

Além desses exemplos de sequenciação temporal e de sentido conclusivo, convém estudar, com atenção, termos que fazem adição (por exemplo: além disso, bem como, inclusive, mais ainda, por um lado... por outro etc.), relação causa-consequência (por exemplo: certamente, decididamente, é evidente que, evidentemente, naturalmente, seguramente etc.), finalidade (a fim de, a propósito de, com o fim de, com o intuito de, com o objetivo de, com o propósito de, para, para que etc.). Esses são apenas alguns exemplos de como a coesão por sequenciação funciona, o que contribui tanto para a estruturação quanto para o entendimento do texto.

## 4.2 Mobilizando o conhecimento prévio

O conhecimento prévio sobre um determinado assunto é a ponte que se estabelece entre o conhecimento acumulado sobre esse tema, considerando a área de pesquisa em que o autor do trabalho atua. A ação funcionará para agregar mais valor à prática da pesquisa, que será o objeto da escrita acadêmica ou científica a ser elaborada.

A justificativa do trabalho de pesquisa será bem elaborada se contiver elementos do conhecimento prévio sobre o assunto. Recuperando o conceito dado por Jean Piaget nos anos 1920, David Ausubel afirma que os novos conhecimentos são elaborados com base em conteúdos fundamentais, os quais formam a base cognitiva necessária para as novas elaborações que serão realizadas, inclusive no contexto das práticas da escrita acadêmica (*Cf.* LEMOS, 2011). O ensino e a pesquisa, quando assumem a importância do conhecimento prévio, são compreendidos como processuais, em contínua elaboração e reelaboração, como é possível notar pela reflexão a seguir, de autoria de Evelyse dos Santos Lemos:

> Para tal rompimento é fundamental compreender a aprendizagem como um processo – contínuo (porque é progressivo), pessoal (por sua natureza idiossincrática), intencional (visto que é impossível aprender pelo outro), ativo (porque requer atividade mental), dinâmico, recursivo (não linear), de interação (entre a nova informação e o conhecimento prévio) e interativo (porque se estabelece entre sujeitos) – que gera um produto sempre provisório, caracterizado por um conhecimento particular, produzido em um momento e contexto particular (Lemos, 2011).

Pressupõe-se, portanto, por a viabilização para o novo saber emerge como parte de uma aprendizagem significativa, voltada para resolução de problemas atuais, envolvendo indivíduos, suas comunidades e a sociedade hodierna como um todo. Lemos (2011) elabora seu argumento focada no tema da aprendizagem, mas a pesquisa acadêmica na contemporaneidade deve também pressupor um ato contínuo, pessoal ou autoral, intencional, ativo, dinâmico, recursivo, de interação e interativo. Ou seja, a pesquisa e as elaborações escritas acadêmicas dependem do que foi realizado até então e serão continuamente postas a prova, para a que o próprio saber científico possa evoluir e prosperar no contexto da sociedade que lhe serviu de base.

O conhecimento prévio manifesta-se claramente em algumas seções da escrita acadêmica, como introdução, justificativas e referencial teórico-metodológico. Nessas partes (ressalve-se o fato de que as seções dependem do gênero discursivo escolhido), devem-se citar referências pertinentes ao assunto pesquisado, sempre recentes, demonstrando domínio suficiente do assunto. A busca por pesquisas atuais e de impacto por parte do pesquisador dará mais relevância ao debate, às ideias e às práticas defendidos por ele. Esses procedimentos revelam maturidade acadêmica e conhecimento científico suficiente para avançar um trabalho que necessite de experiência qualificada e linguagem técnico-científica adequada ao debate em curso.

Entretanto, seguindo os passos defendidos por João Batista da Silva (Silva, 2020, p. 12), o conhecimento prévio é o elemento mais importante do processo de ensino-aprendizagem – e aqui é importante ressaltar a posição do pesquisador, que se coloca, ao mesmo tempo, como aprendiz e produtor de um novo conhecimento –, mas não é condição suficiente para que um novo conhecimento se estabeleça ou para que uma pesquisa seja realizada seguindo os princípios de uma área do saber. Há outros elementos cruciais, sobre os quais se falará nos próximos tópicos.

## 4.3 Estratégias para a construção do parágrafo: tópico frasal, sustentação, argumentação e conclusão

Agora o enfoque será dado à construção de um parágrafo adequado a uma escrita que se propõe a ser objetiva, clara, sem imprecisões ou ambiguidades que prejudiquem a compreensão do conteúdo do texto.

Esta seção será dividida em quatro itens desejáveis para um bom parágrafo de texto acadêmico: tópico frasal, sustentação, argumentação e conclusão. Saber identificá-los e reproduzi-los é uma competência desejável ao autor de um texto que busca cumprir bem as etapas de redação antes, durante e após a realização de sua pesquisa.

Para iniciar esse assunto, é fundamental definir o conceito de parágrafo. O que é um parágrafo? Othon Moacir Garcia assim o define:

> O parágrafo é uma unidade de composição constituída por um ou mais de um período, em que se desenvolve determinada ideia central, ou nuclear, a que se agregam outras, secundárias, intimamente relacionadas pelo sentido e logicamente decorrentes dela (Garcia, 2010).

A definição de Othon Moacir Garcia é suficiente para abarcar o que se pode chamar de parágrafo padrão, aquele que se desenvolve de maneira organizada e detalhada o suficiente para atender à necessidade de construção de argumentos sólidos. Obviamente há muitas diferenças nesta estrutura, mas, para os objetivos do livro, deve-se pensar em como desenvolver um parágrafo dissertativo bem delimitado.

Antes de tudo, os parágrafos são divididos por muitos autores em três tipos gerais. São eles: parágrafo dissertativo, parágrafo narrativo e parágrafo descritivo. Observem-se abaixo a definição e um exemplo para cada um deles:

- **Parágrafo narrativo:** este tipo de parágrafo se organiza centrado em ações e acontecimentos, ou seja, apresenta uma história coerente, com elementos em sequência articulados com cuidado, para escrever um todo coerente. Dentre os elementos diversos, há personagens, dados sobre espaço (cenários envolvidos) e tempo (o quando) etc. Leia-se o miniconto de autoria de Marcelo Spalding, identificado com o número romano "I", na primeira seção, intitulada "Cincomarias", do livro *Minicontos*, de 2018, e observem-se as características do parágrafo narrativo, como a presença de um personagem, "Maria", enredado em sucessivas atividades:

> Maria acorda, pega ônibus cheio, arruma, lava, passa, esfrega, cozinha, arruma, lava, passa, esfrega, cozinha, arruma, lava, passa, esfrega, cozinha, arruma, lava, passa, esfrega, cozinha, arruma, lava, passa, esfrega, cozinha, arruma, lava, passa, esfrega, cozinha, arruma, lava, passa, esfrega, cozinha, arruma, lava, passa, esfrega, cozinha.
> Nós pagamos um salário mínimo (Spalding, 2018, p. 17).

A organização da narrativa de primeira pessoa só revela o ponto de vista do narrador-personagem no segundo e último parágrafo, com a presença pronome pessoal de caso reto de primeira pessoa do plural "nós". Maria, por sua vez, uma trabalhadora que ganha um salário certamente muito aquém de suas necessidades básicas, apesar de estar na posição de um sujeito, como que sofre aquelas ações sucessivas e exaustivas que a despersonalizam e a objetificam.

Por fim, para encerrar o tópico, é importante que o parágrafo ou os parágrafos narrativos possam constituir a abertura da narrativa, o seu desenvolvimento, o seu clímax e o seu desfecho. Há também parágrafos, devidamente assinalados, que constituem as falas de personagens.

- **Parágrafo descritivo**: o parágrafo descritivo, por sua vez, apresenta, como objetivo, descrever pessoas, objetos, espaços etc., constituindo um todo coerente que seja adequado ao texto elaborado. Ele possui elementos como uma linguagem minuciosa, centrada na descrição, com adjetivos, advérbios etc. Além disso, costuma ser bastante organizado e detalhado ao trazer cada elemento da descrição a que se dedica.

No universo de textos acadêmicos, observe-se como o gênero resenha (descritiva ou crítica) normalmente apresenta parágrafos descritivos sobre a obra, como é possível verificar pelo exemplo a seguir, de autoria de Cassia Maria Buchalla (2012), em resenha descritiva sobre o livro *Artigos científicos: como redigir, publicar e avaliar*, de autoria Maurício Gomes Pereira (2011):

> O livro *Artigos Científicos: como redigir, publicar e avaliar*, de autoria do Prof. Mauricio Gomes Pereira, foi lançado recentemente pela Editora Guanabara Koogan.
>
> Com o objetivo de orientar os potenciais autores sobre como vencer as muitas barreiras na elaboração e publicação de artigos científicos, o livro aborda cada uma das etapas desse processo em 24 capítulos.
>
> Os três primeiros capítulos tratam dos aspectos da preparação do trabalho. O primeiro capítulo, *Pesquisa e Comunicação Científica*, versa sobre a necessidade de divulgação dos

resultados das pesquisas como forma de finalização da mesma. Aborda, de modo geral, a evolução da comunicação cientifica nas ciências da saúde, menciona os periódicos de acesso livre e a situação atual de elevada competição para publicar (Buchalla, 2012).

Observe-se que esses parágrafos oferecem dados objetivos sobre o livro resenhado, sem emitir qualquer opinião ou valor. Esses dados não são passíveis de questionamentos.

▶ **Parágrafo dissertativo-argumentativo**: este tipo de parágrafo articula-se para defender uma ideia. Bons argumentos devem ser escritos de modo a defender o ponto de vista defendido pelo autor do texto. No geral, o parágrafo pode ser defendido em várias orações e períodos, os quais, por sua vez, são organizados de modo a funcionar como: introdução, desenvolvimento e conclusão. Vide abaixo exemplo dessa modalidade de parágrafo, que abre o artigo de autoria de Maria Regina Brostolin e Tania Maria Filiu de Souza:

> O direito à educação é para todos segundo a Constituição Federal de 1988. O aprender na escola deve envolver processos de ensinar e de aprender, buscando atender a dimensão social, histórica e cultural em uma perspectiva relacional, ou seja, um olhar a partir da realidade de uma construção individual. Quando se trata da inclusão na educação infantil, o desafio torna-se maior, visto que a diversidade contempla amplas características que requerem uma base educacional especial e distintas ações interventivas. Portanto, a educação infantil inclusiva deve voltar-se para uma pedagogia centrada na criança e capaz de educar a todos, independentemente de suas condições físicas ou origem social e cultural (Bueno, 2006). (Brostolin; Souza, 2023, p. 53).

É nítido, nesse parágrafo, que há um tópico frasal que funciona como abertura do parágrafo: "O direito à educação é para todos segundo a Constituição Federal de 1988." Em seguida, há o desenvolvimento do parágrafo, com sustentação e com argumentação relacionadas ao tópico frasal: "O aprender na escola deve envolver processos de ensinar e de aprender, buscando atender a dimensão social, histórica e cultural em uma perspectiva relacional, ou seja, um olhar a partir da realidade de uma construção individual"; e "Quando se trata da inclusão na educação infantil, o desafio torna-se maior, visto que a diversidade contempla amplas características que requerem uma base educacional especial e distintas ações interventivas". Observe-se que a referência simplificada a Bueno foi oferecida pelas próprias autoras, de modo a reforçar a conclusão de seu parágrafo. A referência a um autor (citação direta ou indireta) poderia ser oferecida no desenvolvimento do parágrafo. Por fim, a conclusão encerra o parágrafo. Veja-se que há exatamente quatro períodos no interior do parágrafo. Algo que poderia ser feito seria trazer a referência ao trabalho de Bueno e seus argumentos no interior do desenvolvimento, assim, as fontes bibliográficas seriam exploradas de modo a reforçar a sustentação e a argumentação do trabalho. Contudo, certamente o parágrafo foi bem escrito e seguiu as recomendações mais elementares.

Agora que foi possível ler um exemplo de parágrafo dissertativo-argumentativo, é interessante sintetizar o tema, agregando o pensamento de Othon Moacyr Garcia.

**Tópico frasal**: é o período que abre o parágrafo. Sua estrutura permite que o desenvolvimento do parágrafo tenha força argumentativa adequada ao gênero discursivo praticado.

Para Othon Moacyr Garcia, ainda é possível iniciar o parágrafo dissertativo de outros modos, como: alusão histórica, interrogação e tópico frasal implícito ou diluído no parágrafo. Portanto, o tópico frasal, como definido acima, funcionaria como uma espécie de construção-padrão do parágrafo dissertativo, que pode sofrer algumas variações.

**Desenvolvimento do parágrafo:** o desenvolvimento do parágrafo-padrão para o texto acadêmico inclui a sustentação e a argumentação. Pode sofrer igualmente algumas variações, como se vê acima. Othon Moacyr Garcia oferece como exemplos de desenvolvimento: desenvolvimento por enumeração e descrição de detalhes, confronto, analogia e comparação, citação de exemplos, causação e motivação (tipo ainda dividido, pelo autor, em razões e consequências, bem como causa e efeito), divisão e explanação de ideias "em cadeia" e definição.

**Sustentação**: Consiste em sustentar os elementos do tópico frasal, acrescentando, inclusive, fontes bibliográficas de renome na área, preferencialmente recentes, que possam reafirmar o que foi colocado na abertura do parágrafo.

**Argumentação**: No interior do parágrafo, é possível agregar argumentos para tornar mais robusta a escrita. Os argumentos podem ser apresentados na forma de: autoridade; causa e consequência; citação; comparações; contra-argumentação; dados estatísticos; elementos históricos; exemplificações; opiniões, crenças; pesquisas científicas da área. Esses elementos da argumentação podem (e devem) ser empregados em diversos espaços do trabalho acadêmico. É possível, ainda, citar fontes bibliográficas de renome na área para dar fundamentação adequada ao trabalho. Assim, o raciocínio será desenvolvido com cuidado e respeito pela dinâmica dos trabalhos acadêmicos, os quais sempre apresentarão maior formalidade na linguagem, fidedignidade e relevância para o momento vivido pela sociedade.

**Conclusão**: Para concluir o parágrafo, é possível sintetizar as ideias trabalhadas antes e realizar o fechamento. Nesse caso, recomenda-se um período que esteja em harmonia com o que foi estruturado antes.

Por fim, fica a dica de Othon Moacyr Garcia para conseguir unidade e coerência no parágrafo: usar, sempre que possível, tópico frasal explícito; evitar pormenores impertinentes, acumulações e redundâncias; evitar frases entrecortadas, que, no geral, prejudicam a unidade do parágrafo; selecionar as frases mais importantes e transformá-las em orações principais de períodos menos curtos; colocar em parágrafos diferentes ideias relevantes, relacionando tais ideias por meio de expressões ou conectivos adequados à transição; e atentar-se para o fato de que a mesma ideia-núcleo desenvolvida não deve estar fragmentada em vários parágrafos.

Os gêneros acadêmicos, por serem dos mais formais que circulam na sociedade e por prezarem pela clareza e pela objetividade, pedem que sempre se sigam as recomendações consideradas padrão no que diz respeito à estruturação do parágrafo. Em seguida, em harmonia com que foi explanado até aqui, mas de modo geral, aborda-se como selecionar, organizar e estruturar os elementos textos, seguido de sugestões para a apresentação final do texto.

## 4.4 Como selecionar, organizar e estruturar os elementos textuais e apresentar o texto final

Para a realização de uma escrita acadêmica bem organizada, deve-se estar atento sobre como elaborar os argumentos e sobre como estruturar o texto. O texto bem construído contribuirá para que se alcance uma ordem lógica do conjunto, com coerência e coesão.

Mais especificamente, ao escrever o texto acadêmico, fique atento ao que o gênero discursivo escolhido ou cobrado de você demanda em suas particularidades. Embora possa haver algumas conexões em alguns casos, são completamente diferentes, por exemplo, um resumo de um projeto de pesquisa, e por aí vai. Para recordar, neste livro, para o domínio das práticas de letramento acadêmico, serão enfocados os gêneros: resumo, resenha descritiva, resenha crítica, artigo científico, projeto de pesquisa e monografia. Será enfatizado cada aspecto desses gêneros para que o autor se sinta seguro ao entregar um texto adequado às demandas.

Adicionalmente, deve-se observar, com atenção, o encadeamento das orações e dos períodos, para que sempre se coloquem conectivos adequados a cada contexto. Diferentes palavras exercem a função de conectivos (como conjunções, preposições, advérbios ou expressões adjetivas), colaborando para a junção de expressões, orações, períodos, parágrafos, partes de textos etc. e, por consequência, transmitindo o sentido de: adição, afirmação, alternância, causa ou consequência, certeza, comparação, concessão, conclusão, condição, conformidade, dúvida, exemplificação, finalidade, negação, oposição, proporção, reformulação, resumo e sequência. Veja os exemplos destacados abaixo:

- "Eles partiram no tempo combinado; <u>mesmo assim</u>, perderam a carona". (*concessão*).
- "<u>É evidente</u> que não conseguiriam entregar o trabalho a tempo". (*certeza*).
- "<u>Da mesma forma que</u> você, José passou no vestibular para o curso de engenharia civil". (*comparação*).
- "<u>Em primeiro lugar</u>, é necessário estruturar o trabalho científico. <u>Em seguida</u>, devem-se pesquisar boas fontes bibliográficas." (*adição*).

Acima, foi salientado que, além das escolhas realizadas dentro do parágrafo, é importante organizar e estruturar o todo em conformidade com o gênero pedido. Assim sendo, antes de iniciar a escrita propriamente dita, deve-se estudar detidamente o que se pede e qual é a estrutura elementar do gênero discursivo solicitado para cada ocasião. O conteúdo também pode demandar certas escolhas de formato. Por exemplo, ao publicar um estudo de literatura contemporânea, é melhor escolher o gênero "ensaio" ou "artigo científico"?

Recomenda-se, inclusive, observar como fazer as conexões entre as diferentes partes do gênero solicitado. Há vários pontos de atenção, que merecem todo cuidado, desde o planejamento do trabalho até a revisão final. De início, observe-se o que o texto solicita, desde a parte introdutória, o desenvolvimento (e suas subseções) até as considerações finais. A estrutura precisa ter coerência e lógica entre as partes, além de ser adequada ao conteúdo trabalhado no texto. Veja se o trabalho apresenta coerência do ponto de vista teórico-metodológico. Inclusive, atente-se para as fontes bibliográficas: elas precisam ser cuidadosamente discutidas ou podem ser apenas citadas com parcimônia? De qualquer modo, as referências precisam estar presentes e mencionadas em conformidade com as regras da ABNT – Associação Brasileiras de Normas Técnicas. Adicionalmente, é crucial verificar como estão as tabelas e as figuras. Elas precisam estar com a legenda no formato correto. É necessário apresentá-las com clareza e de modo bem articulado ao texto acadêmico.

Finalizando essas diretrizes gerais, é sempre importante também verificar se o texto está adequado à formatação pedida, o que deverá ser orientado pela instituição em que se publicará ou defenderá o trabalho, pela revista ou livro a ser publicado etc. Ou seja, o trabalho acadêmico sempre precisará estar em conformidade com as diretrizes institucionais e com as normas da ABNT, de modo a jamais suscitar-se dúvida sobre autoria das ideias ali presentes, o que, se acontecer, em situações mais críticas, pode ser considerado plágio passível de punição. É importante salientar que a credibilidade na área acadêmica é algo que se conquista com seriedade e com compromisso. Por isso, as etapas de revisão e formatação final são essenciais.

Se possível, tenha sempre pessoas e profissionais por perto para tirar dúvidas sobre as melhores escolhas a serem feitas no decorrer da escrita do texto acadêmico. Lembre-se: estar letrado do ponto de vista da academia implica que você esteja inserido em comunidades de prática. A construção desse sentimento de pertencimento à academia é lenta, mas seus efeitos são duradouros. Convém sempre pedir ajuda a colegas da área e a profissionais que se dedicam à revisão e à preparação de textos. A interação lúcida e ética com pessoas e profissionais especializados dará um estímulo adicional nesse processo de construção de um sentimento de pertencimento à academia, de domínio das melhores práticas nesse ambiente e dos instrumentos necessários para o sucesso na escrita dos mais diferentes gêneros acadêmicos.

Nesse passo, a partir do Capítulo 5, até o Capítulo 7, serão apresentados os gêneros discursivos mais trabalhados na academia e instituições a ela relacionadas. O capítulo 5 abordará os gêneros resumo, resenha e artigo científico. Em seguida, virão os gêneros projeto de pesquisa e monografia. Por fim, o Capítulo 7 será dedicado às normas de formatação. Todos eles apresentam um viés prático, ou seja, serão abordados partindo do princípio de que não se buscam apenas autores que saibam sobre o assunto, mas que tenham habilidades práticas para produzir textos bem aceitos no meio acadêmico, com segurança e desenvoltura.

# 5. Gêneros acadêmicos: resumo, resenha e artigo científico

O mundo acadêmico é conhecido como o mundo da ciência. Em universidades e instituições de pesquisa espalhadas pelo país, pesquisadores, professores e estudantes desenvolvem seus estudos. Para desenvolver cada fase da pesquisa, divulgar os seus resultados, escrever relatórios, apresentar novas propostas de estudo, são utilizados os gêneros acadêmicos para estabelecer comunicação entre os membros da comunidade acadêmica. Neste capítulo, o enfoque será dado aos gêneros acadêmicos resumo, resenha e artigo científico.

## 5.1 Primeiros passos para compreender os gêneros acadêmicos

Os gêneros acadêmicos são estruturas textuais delineadas para atender a objetivos específicos do mundo acadêmico. Se o objetivo é criar um roteiro inicial para nova pesquisa que precisa ser desenvolvida, emprega-se o gênero projeto de pesquisa. Se o objetivo é desenvolver as etapas de pesquisa realizada na graduação com intuito de obter título de graduado em alguma área, em geral, escreve-se uma monografia. Se o título for de Mestre, o gênero a ser desenvolvido será a dissertação; se for de Doutor, a tese.

Quando a ideia é expor análise crítica de determinado livro, por exemplo, escreve-se o gênero resenha crítica. Para cada objetivo que se tem com o texto, há um gênero acadêmico.

Como já conversado outras vezes nesse livro, os gêneros acadêmicos são produzidos por meio da linguagem acadêmica, que precisa ser: a) fundamentada em dados, leis teorias e exemplos; b) formal; c) impessoal; d) objetiva e direta; e) discursiva; f) elaborada por meio de argumentos científicos.

Vale destacar que expressões opinativas, argumentos religiosos, dogmáticos e linguagem coloquial não fazem parte da linguagem acadêmica.

## 5.2 Resumo/abstract

### 5.2.1 Características gerais

Muito comum estudantes da graduação serem cobrados de fazerem **resumos** de livros e artigos científicos. Nesse caso, o resumo está atrelado a expor de forma objetiva e reduzida as ideias contidas em textos acadêmicos.

Outro uso muito corriqueiro do resumo é na parte pré-textual de artigos científicos, monografias, dissertações e teses. O objetivo é resumir em poucas linhas o que será apresentado ao longo desses gêneros acadêmicos. Dessa forma, o leitor será informado dos pontos centrais do texto que serão abordados e identificar se o estudo servirá como consulta para suas pesquisas antes de lê-lo na íntegra.

O *abstract* é também um resumo, porém, em língua estrangeira, mais precisamente, em língua inglesa. É exigência em muitos gêneros acadêmicos (artigos, monografias, dissertações e teses) que, após o resumo, seja inserido o *abstract*. Isso significa que o autor do texto precisará traduzir o resumo em outra língua (geralmente em inglês, mas pode ser em espanhol, francês e italiano) e inseri-lo logo após o resumo, usando, inclusive, a mesma formatação.

Assim como no resumo, o *abstract* também precisa ter palavras-chave. Se o *abstract* for em inglês, essas palavras serão chamadas de *keywords*.

Em monografias, dissertações e teses, resumo e *abstract* vêm sequenciados, contudo, em páginas separadas.

## 5.2.2 Exemplo

**O contraponto existencial entre Leonardo Sciascia e suas personagens Candido e Calogero**

Anne Caroline de Morais Santos

**Resumo**

O autor siciliano Leonardo Sciascia é conhecido pelos críticos italianos como aquele que viveu para a sua arte: a literatura; e fez dela uma forma de revelar as agruras vividas pelos italianos do Sul da Itália. Ele mesmo, tendo sido neto e filho de mineradores, viu de perto o que o desejo por poder poderia gerar em um país, em uma cidade. Suas narrativas revelam muito de seus conterrâneos como personagens "à espera de um autor" que as transformassem nesses seres que habitam as páginas literárias. Collura, na biografia *Il maestro di Regalpetra*, salienta que seus romances e contos revelam a sua existência. Com base nisso, este artigo tem como objetivo estudar duas grandes personagens sciascianas, Candido, da obra *Candido overro un sogno fatto in Sicilia* (*Candido ou um sonho feito na Sicília*); e Calogero, do conto *L'antimonio* (*O antimônio*), e o contraponto existencial entre elas e o escritor Leonardo Sciascia.

**Palavras-chave**: Elementos Autobiográficos. Leonardo Sciascia. A construção da personagem.

Fonte: Santos, 2020.

O exemplo acima é de resumo inserido na apresentação de artigo científico intitulado "O contraponto existencial entre Leonardo Sciascia e suas personagens Candido e Calogero" (2020). Após o título e o nome da autora, há o resumo, cujo objetivo é apresentar, em nove linhas, o que será desenvolvido ao longo do artigo. O resumo, no exemplo acima, precisa estar em letra menor (no texto original do periódico em questão, letra 10) e espaçamento simples.

No exemplo, logo após o resumo, é necessário inserir as palavras-chave, ou seja, três palavras ou expressões que resumem a ideia central do texto. Essas palavras podem vir em ordem alfabética ou em ordem de importância (depende da regra solicitada pela instituição de pesquisa). Precisam ser separadas uma das outras por meio de ponto.

O *abstract*, se for solicitado de forma obrigatória no início do artigo, deve vir logo após o resumo e as palavras-chave, como no exemplo abaixo:

## Violência doméstica e consumo de drogas durante a pandemia da COVID-19

Felipe Ornell; Silvia C. Halpern; Carla Dalbosco; Anne Orgler Sordi; Bárbara Sordi Stock; Felix Kessler; Lisieux Borba Telles

**RESUMO**

A pandemia da COVID-19 tem gerado inúmeros desafios em diversas esferas sociais e políticas. A inexistência de fármacos para imunização ou tratamento tornou o isolamento social a principal estratégia para conter a disseminação da doença. Diante disso, inúmeras mudanças drásticas no cotidiano individual, familiar e social têm sido observadas, gerando estressores potenciais que podem facilitar a instalação de conflitos. Isso tem implicado no aumento dos casos de violência doméstica, sobretudo durante a quarentena. Diversos fatores podem explicar este fenômeno como o estresse, dificuldades econômicas, maior tempo de convívio e o aumento do consumo de substâncias. Além disso, o isolamento social limitou a possibilidade vítimas de violência acionarem as redes de apoio sociais ou assistenciais. Assim, conduzimos um estudo teórico reflexivo com o objetivo de discutir os principais impactos da pandemia nas mulheres vítimas de violência doméstica e sua interface com o consumo de substâncias, bem como propor recomendações de ações para os diferentes níveis de atuação.

**Palavras-chave:** Violência doméstica. Substâncias psicoativas. COVID-19.

> **ABSTRACT**
>
> The COVID-19 pandemic has generated several social and political challenges. Considering the lack of medications for immunization or treatment, social isolation is the main strategy to contain the spread of the disease. Thus, drastic changes in the individual, family and social daily life have been observed, generating potential stressors that can trigger conflicts. This scenario contributed to the increased of cases of domestic violence, especially during quarantine. Several factors can explain this phenomenon, such as stress, economic difficulties, longer coexistence time in the domestic environment and increased substance consumption. In addition, social isolation has limited the possibility for victims of violence to activate social or assistance support networks. In this sense, we conducted a reflective theoretical study, with the objective of discussing the main impacts of the pandemic on women victims of domestic violence and its relationship with substance use, as well as to propose recommendations for interventions at different levels of action.
>
> **Keywords:** Domestic violence. Psychoactive substances. COVID-19.

Fonte: Ornell, 2020.

## 5.3 Resenha descritiva e resenha crítica

### 5.3.1 Características gerais

A **resenha** é gênero textual que se propõe a descrever um texto ou filme e/ou expor a opinião do resenhista. É comum que se queira saber a opinião de estudiosos, críticos, especialistas acerca de livros que se lê e filmes que se veem. Encontra-se essa análise em resenhas.

A **resenha descritiva** tem como foco desenvolver texto mais descritivo sobre um texto ou filme. Já a **resenha crítica**, além da descrição, tem como foco apresentar a análise do resenhista sobre o texto.

No mundo acadêmico, é muito comum que os estudantes precisem escrever resenhas.

A estrutura da resenha crítica é a seguinte:
1. Apresentar a obra;
2. Apresentar o autor da obra;
3. Apresentar a relevância da obra;
4. Desenvolver a crítica sobre a obra. Você pode fazer isso comentando cada capítulo e/ou parte do texto resenhado, seguindo ordem linear;
5. Escrever a conclusão.

Para desenvolver boa resenha, é necessário ler com calma o texto a ser resenhado; ter conhecimento sobre as ideias apresentadas para poder fazer boa análise; e fundamentá-la com dados, exemplos e outros textos teóricos.

### 5.3.2 Exemplo

Como dito anteriormente, a resenha inicia com a apresentação do autor, da obra e da relevância da pesquisa.

> **COELHO NETO, A. (2013): Além da revisão: critérios para revisão textual**
> Anne Caroline de Morais Santos
>
> Se buscarmos em plataformas de pesquisa pela palavra "revisão", encontraremos uma série de sites profissionais para divulgação desse serviço. Inúmeros são os profissionais que investem nessa área ou que fazem dela um trabalho extra. A área de formação desses profissionais é, em geral, o curso de Letras ou de Comunicação Social, pois são sujeitos que desenvolvem reflexões sobre a escrita ao longo do curso. O próprio Aristides Coelho Neto é arquiteto e professor de artes plásticas. No curso de Bacharel em Letras, por exemplo, os alunos fazem inúmeras disciplinas cujo foco são os estudos das gramáticas, da produção textual, dos gêneros textuais. Não é comum, no entanto, deparar-se com disciplinas que tratem sobre o trabalho de revisão. As discussões sobre essa área são obtidas fora da Academia, por meio de livros e cursos de extensão.
> Diante desse cenário, fica evidente que são poucos os debates que problematizem conhecimentos acerca da revisão textual. A obra *Além da revisão*, de Aristides Coelho Neto, faz parte dessa literatura que se preocupa em refletir sobre os conceitos e parâmetros que envolvem essa atividade profissional. [...]

Fonte: Santos, 2021.

O livro resenhado no exemplo acima foi *Além da revisão: critérios para a revisão textual*, de Aristides Coelho Neto (2013). Perceba que, no primeiro parágrafo, para apresentar a obra, Anne Morais, a autora da resenha, começou falando sobre o termo "revisão". Depois, apresentou o autor e sua atuação profissional para problematizar a importância da obra, já que destaca o pouco contato do aluno de Letras com disciplinas focadas em revisão. A importância da obra de Aristides Coelho Neto estaria, portanto, em apresentar debate sobre tema pouco desenvolvido. Destacar logo na Introdução a importância da obra resenhada e do tema instiga o interesse do leitor pela leitura da resenha.

Veja que a estrutura lógica do trecho é:

▶ **apresentar tema > trazer informações sobre o autor > falar da relevância do tema e da obra.**

Depois dessa apresentação, a resenhista Anne Morais comenta cada parte do livro de Aristides, analisando-as e trazendo outras fontes bibliográficas sobre o tema debatido.

Já em sua Introdução, destacam-se os obstáculos vividos pelos revisores, como a desvalorização da figura do revisor e a remuneração baixa. É comum o desmerecimento desse profissional, como se não existisse técnica em sua atividade, uma vez que qualquer sujeito alfabetizado no Brasil conseguiria escrever um texto. Sobre essa perspectiva, o autor é crítico, ressalta a importância do revisor e questiona a autossuficiência do autor e o uso de tecnologias que ocupariam o lugar desse profissional. Cabe ao revisor observar a construção textual da obra com toda a sua experiência para retirar desvios que podem comprometer a clareza e fluidez do texto, além de afastar erros de digitação, ortografia entre outros. Sobre isso, Aristides Coelho Neto (2013, p. 135) diz: "julgamos que o redator, muitas vezes, não tem intimidade com todos os procedimentos que aumentam a qualidade do texto". Não há um desmerecimento do conhecimento textual do autor, mas o destaque ao conhecimento linguístico do revisor que o capacita a exercer "uma posição de crítico construtivo do material escrito".

Na conclusão da resenha, indica-se que o resenhista aponte novamente a importância da obra e de seu conteúdo. No exemplo abaixo, é possível notar que a resenhista destaca novamente a problemática que envolveu a obra resenhada e a importância de se tratar sobre o assunto. Na última frase, instiga o leitor a pensar mais sobre o tema.

> Não é tarefa fácil cuidar do texto escrito por outrem. Estamos falando de um trabalho que age sobre a árdua criação do autor, cujo desejo é ver sua criação lapidada. Para isso, é necessário profundo conhecimento sobre as técnicas envolvidas. Encarar a revisão como profissão que exige dado conhecimento é importante, pois a desvalorização desse exercício pode estar atrelada ao baixo grau de cientificidade dada a área. Faz-se necessário refletir sobre isso.

Leia integralmente a resenha "Coelho Neto, A. (2013): Além da revisão: critérios para a revisão textual", de Anne Caroline de Morais Santos (2021), sobre o livro de Coelho Neto (2013). A referência completa encontra-se em na seção "Referências" deste livro.

## 5.4 Artigo científico

### 5.4.1 Características gerais

Artigo científico é gênero acadêmico que divulga os resultados de uma pesquisa científica. Em virtude disso, em seu desenvolvimento, apresenta dados, conceitos, métodos e técnicas que envolvem estudo recente e atual sobre determinado tema.

Estudiosos do mundo todo escrevem artigos para apresentar os resultados de suas pesquisas em congressos e revistas da área.

A ABNT possui norma específica para a estruturação e formatação de artigo científico: a **NBR 6022**. Recomenda-se o uso desse manual quando for formatar e apresentar artigo científico, embora se deva considerar que as próprias revistas científicas possam indicar regras diversas.

Em geral, o artigo possui os seguintes elementos:
- Título;
- Nome do autor;
- Resumo e palavras-chave;
- *Abstract* e *Keywords* (verificar com instituição sobre obrigatoriedade);
- Data de submissão e aprovação do artigo (determinação recente da ABNT);
- Elementos textuais (Introdução, seções de Desenvolvimento e Conclusão);
- Elementos pós-textuais (Referências – obrigatório; Anexo e Apêndice – opcionais).

## 5.4.2 Exemplo

**O PARENTESCO ENTRE A PAIDEIA GREGA E O CONCEITO DE FORMAÇÃO ALEMÃO DO SÉCULO XVIII E XIX**

Anne Caroline de Morais Santos

**RESUMO**

Este trabalho propõe uma leitura da obra teórica *Paideia: A Formação do Homem Grego*, de Werner Jaeger em concomitância com Do Sublime, de Longino. A partir das análises realizadas, será estabelecido um diálogo entre o conceito grego de formação e o conceito de formação presente na obra Os Anos de Aprendizado de Wilhelm Meister, de Goethe (1795-1796). A obra de Goethe é conhecida mundialmente como o paradigma do romance de formação ou *Bildungsroman*, modalidade literária nascida no início do século XIX. O objetivo desta comunicação é, portanto, discutir a origem do conceito de formação, como ele se transformou ao longo dos anos e como ele continua se transformando. Reduzi-lo a uma época e a um escritor é negar a existência de algo que faz parte da condição humana. O problema principal de estudá-lo é compreender quais são os limites que o norteiam e o que o separa das outras formas literárias. Para responder tais questionamentos, é fundamental voltar na história e entender como os gregos, na época clássica, entendiam o termo formação.

**Palavras-chave:** Paideia grega. Formação do homem. Conceito de Formação.

> **Introdução**
>
> Este artigo propõe a leitura da obra teórica *Paideia: A Formação do Homem Grego*, de Werner Jaeger em concomitância com Do Sublime, de Longino. A partir das análises realizadas, será estabelecido um diálogo entre o conceito de formação grego e o conceito de formação presente na obra Os Anos de Aprendizado de Wilhelm Meister, de Goethe (1795-1796). [...]

Fonte: Santos, 2014.

No exemplo acima, apresenta-se a primeira página de um artigo científico, publicado em 2014 na *Revista Philologus*. Note que as partes anteriormente mencionadas estão ali indicadas: título, nome do autor, resumo, palavras-chave e introdução. Na sequência, virão os capítulos de desenvolvimento, conclusão e referências.

Sobre a formatação, a norma usada foi a ABNT somada a indicações normativas da revista em que o texto foi publicado. A letra solicitada é Timer New Roman ou Arial 12, espaçamento entrelinhas 1,5, alinhamento justificado. O resumo, as notas de rodapé e as citações diretas longas precisam vir com letra 10 e espaçamento entrelinhas 1,0.

O artigo científico precisa ser formatado. Caso seja com base na ABNT, segue as mesmas regras gerais de formatação dessa associação. Sobre isso, leia o Capítulo 7 desse livro.

## 5.5 Diferenciando artigo científico, *paper* e ensaio

Neste tópico, o objetivo é diferenciar artigo científico de *paper* e ensaio, gêneros acadêmicos largamente empregados na universidade. A depender da área de pesquisa, no geral, as áreas de Saúde e Exatas, pode-se empregar o *paper*. Pelo contrário, o ensaio é mais demandado, por exemplo, nas áreas de Artes e Letras. Ambos, porém, apresentam similaridades com o artigo científico, como se verá.

### 5.5.1 Características gerais de *paper* e ensaio

Neste tópico, apresentam-se ambos os gêneros discursivos, ensaio e *paper*, juntos por conta de sua similaridade com o artigo científico. Eles, de fato, são tão similares que podem nos confundir. Há balizas gerais boas para dar apoio.

O ensaio tem um viés crítico e discorre sobre temas que não apresentam dados mensuráveis, mas, sim, as perspectivas de seu autor, com reflexões sobre um determinado tema. Muito empregado em áreas como Artes, Letras e Humanidades, apresenta argumentos, avaliações, opiniões e reflexões originais sobre o assunto, articulados de modo lógico e com a apresentação de referências críveis a atuais.

Por sua vez, o *paper* acompanha as divisões do artigo científico, com a diferença de que é mais objetivo. Ele segue um esquema muito praticado no contexto de publicações em anais científicos, como resultado de uma comunicação ou painel em eventos especializados. Hoje, são muito solicitados em inglês, mesmo em publicações científicas que circulam em território nacional. Sua disposição, como o artigo, será do seguinte modo: título, nome do autor, Resumo, Palavras-chave, *Abstract*, *Keywords* (verificar com instituição sobre obrigatoriedade), data de submissão e aprovação do artigo (determinação recente da ABNT), elementos textuais (Introdução, Desenvolvimento e Conclusão) e elementos pós-textuais (Referências – obrigatório; Anexo e Apêndice – opcionais).

As seções que constituem o *paper* são as mesmas do artigo científico, mas a escrita tende a uma maior objetividade, com apresentação de resultados, em geral, mensuráveis. Normalmente apresenta fórmulas, gráficos, infográficos, mapas, quadros, tabelas etc.

### 5.5.2 Exemplos

Observe-se, pelo exemplo, a seguir, que autora faz uma reflexão que aproxima dois gêneros discursivos bem distintos, a saber, a carta e a biografia. O ensaio publicado na revista dá uma ênfase, como uma espécie de texto metacrítico (que diz e que faz, ou seja, performa aquilo que defende e, ao mesmo tempo, desvenda os sentidos por trás dessa reflexão), ao gênero híbrido ensaio literário, defendendo como ele se articula com as formas híbridas da carta e da biografia crítica.

Observe-se o início do ensaio logo abaixo, do qual extraímos apenas o "*Abstract*" e os "*Keywords*":

**Espectros postais: aproximações entre biografia crítica e correspondência de escritores**

Silvana Moreli Vicente Dias (USP)

**Resumo**

Este texto versa sobre a possibilidade de se aproximarem duas formas literárias distintas, a biografia crítica e a correspondência. O conceito que guia a proposta aventada é a do ensaio literário, de cunho interpretativo. Algumas perguntas lançadas procuram discutir em que medida uma biografia crítica poderia se nortear por cartas trocadas entre escritores, sobretudo quando publicadas postumamente. Uma das formas de "escritas de si", cartas podem sustentar narrativas comprometidas com as formas de vidas, desnudando seu caráter contingente. Nesse contexto, a matriz filológica pode ser retomada como maneira de se imprimir não só uma marca de fidedignidade, como também de se distinguir a ética do intérprete comprometido com a figuração autêntica do sujeito em questão.

**Palavras-chave**: Biografia crítica; Epistolografia; Gilberto Freyre.

> Como introdução a essa discussão, caberia chamar a atenção para o fato de que uma biografia crítica, nos termos em que a compreendemos, poderia se imiscuir com a forma do ensaio literário. Mais ainda, podemos dizer que uma boa biografia crítica deve ser necessariamente ensaística, para além dos procedimentos de verificação documental e de inquirição persistente de fontes – apesar de tais cuidados serem componentes fundamentais para o alcance de bom resultado em um trabalho comprometido com a trajetória de sujeitos individuais. Uma das mais belas definições de "ensaio", meditada em carta para Leo Popper por Georg Lukács, trata o gênero ensaístico como algo que transcende a verdade objetiva. [...]

Fonte: Dias, 2012.

As associações são articuladas com a menção a importantes intelectuais para o século XX e XXI, como Georg Lukács (1885-1971), Eric Auerbach (1892-1957), Paul de Man (1919-1983), Edward Said (1935-2003) e Giorgio Agamben (1942), dentre outros. Com problemáticas colocadas para envolver o leitor com a estrutura discursiva, o ensaio crítico é um convite a reflexões ponderadas, que poderão ser o ponto de partida para estudos futuros inéditos, de caráter reflexivo e crítico.

Leia integralmente o ensaio "Espectros postais: aproximações entre biografia crítica e correspondência de escritores", de Silvana Moreli Vicente Dias (2012), publicado na revista *Outra Travessia*, que versa sobre gêneros como ensaio crítico, biografia crítica e correspondência de escritores. A referência completa encontra-se na seção "Referências".

No *paper* "Modeling an Optical Network Operating with Hybrid-switching Paradigms", o autor Luiz Henrique Bonani (2016), pesquisador da área de Engenharia Elétrica, estrutura seu texto com divisões precisas, agregando gráficos e fórmulas detalhados para demonstrar os dados gerados ao longo da pesquisa. Observe-se que o artigo está em língua inglesa, ainda que tenha sido publicado no Brasil. Mais ainda, o autor agradece os financiamentos obtidos com bolsas FAPESP e CNPq.

Leia integralmente o exemplo de *paper* "Modeling an Optical Network Operating with Hybrid-switching Paradigms", de Luiz Henrique Bonani, publicado na revista *Journal of Microwaves, Optoelectronics and Electromagnetic Applications*, editada pela Sociedade Brasileira de Microondas e Optoeletrônica (Brazilian Microwave and Optoelectronics Society - SBMO) e pela Sociedade Brasileira de Eletromagnetismo (Society of Electromagnetism - SBMag).

# 6. Gêneros acadêmicos: projeto de pesquisa e monografia

Quando se planeja iniciar uma pesquisa científica, é importante esboçar as principais ideias, caminhos e base teórica que nortearão sua realização. É muito comum, em seleções de Mestrado e Doutorado, o pedido do projeto de pesquisa ou pré-projeto. Posteriormente, na defesa, em geral se apresenta uma monografia, a ser defendida diante de uma banca designada pela instituição. A monografia pode apresentar extensões variadas, a depender se for apresentada como Trabalho de Conclusão de Curso (TCC), dissertação de mestrado ou tese de doutorado. Nesse contexto, no presente capítulo, destacam-se os gêneros projeto de pesquisa e monografia.

## 6.1 Projeto de Pesquisa

### 6.1.1 Definição
Nesse documento, o candidato revela à banca avaliadora qual seu objeto de estudo, problemática, hipóteses, metodologia, fundamentação teórica entre outros pontos que dependerão dos critérios e exigências do processo de seleção de cada universidade brasileira. Com base nisso, podemos definir **projeto de pesquisa como texto acadêmico direcionador da pesquisa científica.**

O tamanho do projeto dependerá do objetivo do projeto e da instituição a qual o pesquisador submeterá a pesquisa. Outro fator determinante é identificar se o projeto é de monografia, mestrado ou doutorado. É comum que os projetos de doutorado sejam mais extensos. O tamanho, em geral, varia entre 10 a 25 páginas.

### 6.1.2 Partes constituintes

O projeto de pesquisa é dividido em partes pré-textuais (capa, contracapa e sumário), textuais (Introdução, Justificativa, Hipótese, Objetivos, Metodologia, Fundamentação Teórica e Cronograma) e pós-textuais (referências e anexos). Vale relembrar que, dependendo da instituição a que o projeto será submetido, esses nomes podem mudar. "Introdução" pode se tornar "Apresentação" ou "Considerações iniciais", por exemplo. "Fundamentação Teórica" pode ser chamar "Revisão da Literatura", "Revisão Teórica", "Abordagem Teórica", "Referencial Teórico" e até mesmo "Referencial teórico-metodológico", se já incluir a subseção sobre a metodologia da pesquisa. É muito importante observar essas nomenclaturas no momento da escrita do texto.

### 6.1.3 Escolha do objeto de estudo e delimitação da problemática

O primeiro passo de um pesquisador para iniciar sua pesquisa é identificar seu objeto de estudo. Marina Marconi e Eva Lakatos (2021), em *Fundamentos da Metodologia Científica*, afirmam que esse objeto seria o tema em si do estudo. Esse tema surge, em geral, a partir da observação de fenômenos, conceitos, fatos por parte do pesquisador que compreende que tal objeto merece atenção científica, ou seja, precisa ser estudado, analisado, investigado cientificamente.

Escolher o tema não é uma tarefa fácil. **Algumas questões precisam ser pensadas pelo pesquisador no momento da escolha do tema**. São elas:

a) Identificar se há afinidade do pesquisador com o tema, isto é, se está dentro da sua área de atuação. Alunos de Direito que desejam realizar estudo com objeto da área da Psico-

logia precisam observar se possuirão conhecimentos suficientes da área para realizar a pesquisa.
b) Observar se há referencial teórico sobre o tema. Um estudante na graduação, por exemplo, que vai desenvolver seu projeto de monografia, precisa encontrar bibliografia e dados sobre o tema escolhido, caso contrário, não conseguirá fundamentar sua análise científica.
c) Verificar se a metodologia a ser usada é de alcance do pesquisador. Se a pesquisa vai requerer uso de laboratórios e não há acesso a eles, isso se tornará um problema para o desenvolvimento do estudo. Necessário observar essas questões metodológicas antes de iniciar a pesquisa. A fase de planejamento do projeto é o momento de identificar tudo isso.

Quando falamos em afinidade do pesquisador com o tema, isso tem relação também com seu projeto de vida, se pretende desenvolver, na graduação, mestrado e doutorado, temas voltados para o mesmo assunto.

Tornar-se especialista em determinado tema é algo valorizado pelo mundo acadêmico, uma vez que o pesquisador somente conseguirá conhecer com profundidade alguns objetos de estudo. Ter consciência disso e dedicar a vida acadêmica a estudar poucos assuntos de forma profunda é algo que possui notoriedade na Academia. Vale destacar também que o estudioso dedicará boa parte de seu tempo para a pesquisa, algumas duram anos. Portanto, é importante escolher a temática a partir de seus interesses profissionais e acadêmicos.

Duas perguntas são essenciais para encontrarmos o tema da pesquisa: **O que nos interessa? Tenho condições de pesquisar esse tema que me interessa?**

Após identificar o tema, é necessário delimitá-lo. Isso porque temas muito amplos acarretam, segundo Lakatos e Marconi, repetições e discussões inesgotáveis, o que pode levar o pesquisador a desfocar dos objetivos do trabalho e a não alcançar os resultados esperados. **Para delimitar o tema, damos algumas dicas:**

> a) **Delimite os termos essenciais da sua pesquisa.** Se o tema é sobre a relação entre a Literatura e outras artes, pense em quais conceitos serão essenciais para serem desenvolvidos na pesquisa, como o de intermidialidade, mídia, arte, literatura, hipermídia. Esse recorte teórico é importante para a delimitação do tema
> b) **Identifique a necessidade de delimitação espacial e temporal.** Caso a pesquisa seja sobre contratos temporários de trabalho, pode-se delimitar para contratos de professores em universidades públicas do estado do Rio de Janeiro de 2018 a 2022. Esse recorte é essencial para que a pesquisa seja direcionada a recolher dados específicos de determinada localidade e data, o que metodologicamente dá contornos ao que se pretende compreender com o estudo.
> c) **Utilize termos que especifiquem o tema central.**

> *Tema central*: Cotas raciais

> *Delimitação*: As cotas raciais **em concursos públicos para magistratura** e o combate ao racismo estrutural nas instituições brasileiras

### 6.1.4 Parte pré-textual

O projeto de pesquisa inicia-se com a parte pré-textual, ou seja, tudo o que vem antes da Introdução: capa, contracapa e sumário. Algumas instituições, exigem resumo; outras não exigem nem capa, nem contracapa, nem sumário, apenas um cabeçalho com as informações essenciais do pesquisador e da pesquisa.

NOME DA UNIVERSIDADE
**Curso de Enfermagem**

JOÃO DOS SANTOS

IMPACTO DA COVID-19 PARA OS PROFISSIONAIS
DA ENFERMAGEM NO BRASIL
RIO DE JANEIRO
Janeiro/2023

A formatação da capa precisa respeitar as regras da instituição, caso o autor as declare. Se isso não ocorrer, o padrão acima pode ser usado.

No modelo de capa exposto anteriormente, a formatação deve ser: letra 12 em Arial ou Times New Roman. Título centralizado na folha, caixa alta e negrito. Nome do autor em caixa alta sem negrito. Cidade da instituição para a qual o projeto será submetido, com mês e ano.

É importante ficar atento às exigências da instituição à qual será entregue o projeto e formatar de acordo com as regras exigidas. Se a instituição pede formatá-lo a partir das normas da ABNT, por exemplo, é necessário seguir à risca. Sobre as regras de formatação, falaremos no próximo capítulo.

### 6.1.5 Parte textual

### 6.1.5.1 Introdução

A Introdução do projeto de pesquisa reúne as seguintes informações: apresentação do tema, delimitação, pergunta-problema e objetivo geral da pesquisa. Para poder desenvolver essas informações, é importante ter leitura prévia do assunto e reunir bibliografias e dados atuais sobre o tema. Somente assim o pesquisador terá condições de escrever com propriedade sobre cada aspecto.

Para melhor observarmos cada um desses pontos a serem desenvolvidos na Introdução, veremos um modelo e, em seguida, analisaremos o desenvolvimento de cada parte, explicando e analisando uma a uma.

> [O agravo de instrumento é um dos recursos típicos, consagrados pelo atual Código de Processo Civil (CPC - Lei n° 13.105/2015)]. Ele é cabível contra as decisões interlocutórias (pronunciamentos judiciais de natureza decisória que não ponham fim ao processo) que se enquadrem na descrição específica dos treze incisos do art. 1.015 do CPC.
> 
> O Código prevê, ainda, que as decisões que não sejam passíveis de interposição do agravo de instrumento poderão ser suscitadas após a prolação da sentença, por meio do recurso de apelação (art. 1.009, § 1°).

> Em oposição ao rol específico do atual CPC, [o **Código de Processo Civil anterior, de 1973, definia em seu art. 522 como passíveis de questionamento via agravo de instrumento toda decisão interlocutória "suscetível de causar à parte lesão grave e de difícil reparação"**].

(**Extrai-se, portanto, uma dualidade histórica conceitual entre a subjetividade teórica do CPC de 1973 e a objetividade da lista fechada de possibilidades do CPC de 2015).** Com base nessa contradição de ideias, e considerando o papel histórico do agravo de instrumento como ferramenta processual criada para atacar imediatamente uma decisão interlocutória que venha a causar prejuízo à parte, há relevante discussão doutrinária a respeito do cabimento do agravo de instrumento.

Uma relevante parcela da doutrina considera que o rol de decisões agraváveis do art. 1.015 do CPC é taxativo, ou seja, não seria passível de nenhum tipo de analogia ou interpretação extensiva, enquanto outros sustentam a ampliação do rol por analogia ou extensão hermenêutica. (Todavia, diversos autores buscam conciliar as duas teorias). Enquanto alguns, como Fredie Didier Jr., defendiam a analogia de casos concretos com os incisos do art. 1.015, buscando a tese exemplificativa, Romão (2016) entendia que a taxatividade não seria incompatível com a interpretação extensiva, ou seja, há possibilidade de ampliar o sentido da norma para além de seu conteúdo literal. [...]

Buscando aliar a necessidade de aplicação adequada do CPC com a mais correta e justa interpretação de seu art. 1.015, o Superior Tribunal de Justiça enfrentou a controvérsia, culminando em uma solução que harmonizou a aplicação prática com as técnicas hermenêuticas, concluindo que o rol do art. 1.015 não poderia ser taxativo, diante de sua incapacidade de tutelar todos os tipos de decisões interlocutórias que causariam prejuízo ao interessado caso fossem reexaminadas apenas em sede de apelação. Da mesma forma, apontou que a lista contida no artigo não é exemplificativa nem extensiva, sendo certo não haver critérios hermenêuticos para delimitar as decisões em que a analogia extensiva se aplicaria ou, ainda, afrontando a intenção legislativa de conferir caráter taxativo ao recurso em caso de defini-lo como exemplificativo.

> Firmou-se a tese, portanto, consolidada como Tema Repetitivo n° 988 STJ, de que o art. 1.015 possui caráter de taxatividade mitigada. A mitigação em questão se dará por análise da necessidade de que a decisão recorrida deverá ser apreciada de imediato. Logo, mediante comprovação da inutilidade de aguardar a apelação para o reexame, será cabível o agravo de instrumento como recurso adequado contra essa decisão interlocutória.
>
> **A despeito da Tese firmada, é relevante questionar: os magistrados do Tribunal de Justiça do Estado do Rio de Janeiro (TJ-RJ) vêm aplicando na prática, ao analisarem os agravos de instrumento interpostos, a tese proposta pelo STJ no Tema n° 988, levando-se em consideração a possibilidade de urgência e conhecendo os recursos?**
>
> O presente Projeto, por fim, {**visa analisar, por amostragem de julgados do TJ-RJ, o posicionamento dos juízes desse Tribunal no tocante à aplicação da tese da taxatividade mitigada do art. 1.015 do CPC}**, em especial no tocante aos casos de não conhecimento do recurso e os motivos apresentados para essas decisões.

O tema do projeto cuja Introdução apresentamos acima é: *A taxatividade mitigada do art. 1.015 do Código de Processo Civil: teoria e prática no TJ-RJ*. Foi produzido pelo estudante de Direito Daniel Bernini em 2022. Se observamos o desenvolvimento da Introdução, perceberemos que desenvolve primeiramente a **apresentação do tema**. Entre os parágrafos um e três, é desenvolvido o conceito de agravo de instrumento, definição chave para o tema proposto. Destacamos trechos em negrito e colchetes que mostram bem o uso de termos que marcam explicações, como, na primeira frase, o uso do verbo de ligação "ser": "o agravo de instrumento é um dos recursos típicos [...]".

O quarto parágrafo (marcado em negrito e entre parênteses) já começa utilizando termos que denotam a **problemática do objeto do estudo**, tais como: "dualidade histórica conceitual" e "contradições de ideias", conjunções que indicam oposição, como "todavia", além de pensamentos contrários de especialistas no assunto. Do quarto ao sétimo parágrafo, temos o desenvolvimento, portanto, da delimitação do tema e da exposição da problemática.

O penúltimo parágrafo, em negrito, traz a **pergunta-problema**, ou seja, o questionamento base da pesquisa, pergunta que precisa ser respondida ao longo de todo o desenvolvimento do estudo. O objetivo do pesquisador é, ao fim da pesquisa, ter conseguido responder ao questionamento feito na Introdução. Essa pergunta precisa ser objetiva e clara. Além disso, precisa estar de acordo com a problemática apresentada.

É comum, ao escrever a Introdução, desenvolver perguntas que escapam da problemática apresentada. Abaixo segue um exemplo:

> **Problemática:** aumento do número de violência doméstica em época de pandemia no Brasil.
> **Pergunta:** como a violência contra a mulher gera impactos para a sociedade brasileira.

Vemos que a pergunta ignora o momento pandêmico e a discussão sobre o aumento dos casos no Brasil. Todas as partes da Introdução precisam dialogar: conceito, problemática, pergunta e objetivo.

A última parte da Introdução, presente no último parágrafo do texto, precisa concluí-la apresentando o **objetivo geral da pesquisa**. Percebemos, no trecho destacado em negrito e entre chaves, que houve o uso da expressão "visa analisar", típico da construção textual de um objetivo. Nesse momento, é importante relacionar o objetivo da pesquisa à pergunta problema.

Se observarmos bem o modelo, vemos que a **pergunta** almeja identificar a ação prática dos magistrados no que toca à aplicação dos agravos de instrumento. O **objetivo** exposto no último parágrafo dialoga com a pergunta ao afirmar que a análise objetiva estudar o posicionamento dos magistrados sobre a aplicação da taxatividade mitigada. Esse diálogo precisa estar bem marcado pela escolha das palavras para que o leitor veja com facilidade a relação entre a pergunta-problema e os objetivos da pesquisa.

### 6.1.5.2 Hipótese

Na Introdução, foi inserida a pergunta-problema da pesquisa. A hipótese é uma resposta prévia, fundamentada, dessa pergunta. Essa resposta será, junto da pergunta, a base da pesquisa, pois o pesquisador desenvolverá todas as etapas do estudo almejando verificar se essa resposta é válida ou não. Todos os dados, experimentos, referencial teórico escolhido e realizado serão pensados para checar a validade da resposta. **A hipótese é, portanto, uma maneira de delimitação do tema**, afinal vai direcionar o pesquisador a testar e validar poucas hipóteses. Dentre uma série de perguntas que poderiam ser feitas, o pesquisador escolhe uma (em algumas pesquisas esse número aumenta). Isso já é uma maneira de delimitação. A resposta a essa pergunta (hipótese) também delimita, pois, dentre algumas possibilidades de resposta, o pesquisador escolheu uma. Abaixo temos um exemplo retirado ainda do projeto do aluno Daniel Bernini. Se antes vimos a Introdução, agora veremos a Hipótese produzida por Bernini referente à pergunta-problema feita por ele.

> Ao analisarem os agravos de instrumento, **os magistrados do TJ-RJ**, demonstrando conhecimento da existência do Tema n° 988 do STJ, **levam em consideração a controvérsia**. Todavia, entendem que, no caso concreto analisado, não existe a urgência ou perigo de dano delimitado pelo STJ como requisito para conhecimento do agravo. Nesse caso, é tomada a decisão pelo não conhecimento do recurso. (grifo nosso)

A pergunta feita na Introdução era: os magistrados do Tribunal de Justiça do Estado do Rio de Janeiro (TJ-RJ) vêm aplicando na prática, ao analisarem os agravos de instrumento interpostos, a tese proposta pelo STJ no Tema n° 988, levando-se em consideração a possibilidade de urgência e conhecendo os recursos?

Se observamos a hipótese construída, vemos que Bernini responde diretamente à pergunta feita ao afirmar que os magistrados do TJ-RJ "levam em consideração a controvérsia". A partir do uso do verbo no presente, de forma clara e direta, a pergunta da Introdução é respondida. Vale destacar que essa hipótese foi fundamentada e desenvolvida no projeto do aluno, aqui temos apenas um trecho. Importante que a hipótese seja fundamentada em dados, pesquisas recentes, evidências científicas que deem fundamento para a afirmação feita.

Essa afirmação, por estar na hipótese, ainda precisa ser testada e validada. Ao longo da pesquisa, todo o referencial teórico escolhido, ou seja, as experimentações feitas, testes, etapas do estudo, revelará a validade dessa resposta prévia dada no capítulo Hipótese do projeto de pesquisa.

Uma boa metáfora para entender a importância da Hipótese é imaginar que o aquecedor de sua casa quebrou. Sem conhecimento sobre aquecedores, chama-se um técnico que avaliará as possíveis causas desse problema. Por entender sobre aquecedores, o técnico avaliará o problema e construirá hipóteses do porquê o aparelho não funciona. Supondo que ele tenha duas hipóteses A

e B, vai testar cada uma para averiguar qual, de fato, é a causa do problema. Ao testar A, percebe que não é a causadora do não funcionamento. Testa B e identifica ser a causadora. Esse exemplo nos mostra duas coisas essenciais:
a) Para criar hipóteses, é importante ter conhecimento técnico sobre o problema apresentado. O pesquisador precisa ter conhecimento sobre o tema escolhido para poder inferir hipóteses de forma fundamentada.
b) A hipótese precisa estar diretamente relacionada à pergunta-problema e ser possível de ser observada, testada e validada.

É comum as hipóteses virem em tópicos, serem escritas com verbo no presente e não com verbos no pretérito do subjuntivo (se fizesse, se aprovasse). Por ter esse nome hipótese, muitos acreditam que deva ser escrita usando a conjunção condicional "se".

Exemplo: **Se** *o Estado aprovar leis mais duras contra a violência doméstica, os casos diminuirão.*

Essa construção não é ideal para escrever a hipótese. Dê preferência para os verbos no modo indicativo.

### 6.1.5.3 Objetivos

A função dessa parte é listar as principais metas a serem efetivadas e alcançadas com a pesquisa.

Quando nos propomos pesquisar algo, é importante definir quais são os objetivos que pretendemos atingir, pois isso dará contornos bem definidos ao estudo. Um dos problemas enfrentados por pesquisadores é não ter delimitado esses objetivos e acabar fugindo do tema proposto. Isso leva a pesquisa a se desconectar da pergunta-problema feita e das hipóteses estabelecidas, afinal, os objetivos precisam estar diretamente relacionados a esses dois pontos centrais.

Ao fazer o objetivo, é necessário observar a pergunta e as hipóteses para identificar o que se pretende com o estudo, os resultados esperados, as metas que desejam ser atingidas. Em virtude disso, os objetivos são divididos em gerais e específicos.

O objetivo geral é apenas um e já aparece na Introdução em seu último parágrafo. Basta retornar à Introdução, reler o objetivo e reescrevê-lo no capítulo *Objetivos*. Vale relembrar que esse objetivo deve ser direto, claro e destacar de forma mais ampla o que almeja a pesquisa.

Os objetivos específicos podem ser vistos com metas a serem atingidas em cada etapa da pesquisa. Na Metodologia, vamos observar a importância de se definir as etapas da pesquisa e os materiais, insumos, equipamentos que serão usados em cada uma. Cada etapa possui um porquê de estar sendo realizada, logo, possui um objetivo dentro da pesquisa. Um estudante de graduação que está escrevendo sua monografia, por exemplo, caso tenha dividido o texto em três capítulos, pode escrever seus objetivos específicos pensando na meta a ser alcançada em cada capítulo.

Se o tema é *O uso de adaptações de obras clássicas no Ensino Básico* e um dos capítulos abordará o que são obras clássicas e sua leitura atual nas escolas brasileiras, o objetivo específico seria:

> **Objetivo específico**: Avaliar como as obras clássicas vem sendo utilizadas no Ensino Básico no Brasil.

Vimos, portanto, que podemos transformar em objetivos específicos o que se pretende fazer em cada parte/capítulo da pesquisa.

Logo abaixo, apresentamos um modelo de objetivo geral e específico com base ainda no modelo da monografia de Daniel Bernini:

**OBJETIVOS**

**Objetivo geral**

Analisar o posicionamento dos magistrados do TJ-RJ em relação à aplicação da tese da taxatividade mitigada do art. 1.015 do Código de Processo Civil, em especial quanto aos casos de não conhecimento do recurso, bem como à fundamentação dessas decisões.

**Objetivos específicos**

O presente projeto tem como objetivos específicos:

a) Discorrer sobre o recurso do agravo de instrumento, tanto em sua evolução histórica ao longo dos Códigos de Processo Civil, quanto nos mais atuais posicionamentos doutrinários e jurisprudenciais sobre a sua aplicabilidade.

b) Mensurar a adoção da Tese n° 988 do STJ em casos julgados pelo TJ-RJ, apontando a incidência dos principais temas em que ela é discutida, além de índice aproximado de conhecimento e provimento, por amostragem.

c) Apontar os principais fundamentos pelos magistrados para a aplicação (ou não) do Tema firmado pelo STJ, compilando os principais argumentos e o panorama do Tribunal de Justiça Estadual acerca do assunto.

Fonte: Bernini, 2022.

Os objetivos específicos são escritos em tópicos, iniciando por um verbo no infinitivo (estudar, analisar, avaliar, identificar etc.). São tópicos não tão longos. Em média, até três linhas.

Antes de iniciar os objetivos específicos, é importante usar uma frase introdutória, afinal, quando topicalizamos algo, precisamos anunciar antes que faremos isso. No exemplo visto, essa frase é a seguinte:

*O presente projeto tem como objetivos específicos:*

### 6.1.5.4 Justificativa

Como o próprio nome sugere, a justificativa em um projeto de pesquisa precisa justificar a relevância do estudo e a necessidade de sua realização. Muitas pessoas se candidatam para fazer seleções de Mestrado e Doutorado no Brasil. Nesse processo, precisam convencer uma banca de que sua pesquisa será relevante para o mundo científico e para a sociedade, promoverá inovação, estimulará reflexão crítica sobre problemáticas contemporâneas, criará produtos importantes para o bem-estar social, entre outras ações.

A banca também almeja verificar se os resultados da pesquisa são possíveis de serem alcançados e se os métodos a serem aplicados levarão o pesquisador a alcançar, de fato, esses resultados.

Dessa forma, é importante ser destacado na Justificativa:
a) a problemática a ser investigada, suas consequências e a necessidade imperiosa de se achar respostas para a questão apresentada.
b) Como a problemática pode estar gerando barreiras para o desenvolvimento social. Se o tema é dentro dos estudos ambientais, verificar os impactos do garimpo em determinadas regiões do país nos últimos quatro anos é um trabalho importante que se justifica pela necessidade de ser observar os efeitos do garimpo para se pensar nas formas

de combater tal problema. A justificativa precisará destacar esses efeitos a partir de dados recentes, reportagens, posicionamento de especialistas, legislação, entre outros referenciais teóricos.

c) Os resultados que se almeja alcançar com a pesquisa e a importância de cada um para se discutir a problemática e, dependendo do tema, encontrar soluções.

Um bom exemplo são as pesquisas feitas pela Fundação Osvaldo Cruz em 2020 quando a COVID-19 começa a fazer suas vítimas. Nesse momento, produzir uma vacina era o objetivo dos cientistas.

Ao solicitar investimento governamental para a realização dessas pesquisas, era necessário desenvolver projeto que apresentasse o que seria investigado, como seria investigado e quais resultados seriam alcançados.

A justificativa nesse projeto precisaria destacar os efeitos da COVID-19 para o mundo e para o Brasil por meio de dados recentes, a projeção desses efeitos para o futuro, caso a vacina não fosse produzida, e como a pesquisa almejava desenvolvê-la.

A relevância da pesquisa estava sendo destacada, portanto, a partir da apresentação da realidade fática, suas consequências e como a pesquisa pretendia encontrar soluções para esse quadro.

Para que fique mais evidente a forma de escrever a justificativa, apresentamos trecho do projeto de monografia do aluno Daniel Bernini, em que é notória a retomada da problemática, seus efeitos e como a pesquisa almejava investigar e enfrentar essa questão para atingir os resultados esperados. Segue excerto que exemplifica essa dinâmica:

[...] **Na pesquisa realizada pelo PIC**, intitulada *As decisões do Tribunal de Justiça do Estado do Rio de Janeiro à luz da taxatividade mitigada do art. 1.015 do Código de Processo Civil: uma análise de seus julgados no período de 2019 a 2021*, **foi detectada clara inconsistência entre os magistrados no tocante à aplicação do Tema n° 988 do STJ.**

Pouco mais da metade (55%) dentre as cinquenta e uma (51) decisões analisadas admitiram a aplicação do Tema, enquanto as demais (45%) decidiram pela inadmissão do Tema. **A controvérsia tomou forma ao ser verificado que ambos os grupos versavam sobre tópicos muito similares, como competência, produção de prova e inversão de ônus da prova.**

**Pode-se constatar uma clara falta de uniformização dentre os magistrados fluminenses no que se refere à recepção e aplicação do Tema n° 988 do STJ, trazendo insegurança jurídica aos processos que tramitam (e venham a tramitar) no TJ-RJ.** Afinal, mesmo desconsiderando a particularidade de cada caso concreto e a liberdade decisória de cada juiz, é esperado que as teses sedimentadas pelos tribunais superiores sejam aplicadas, justamente visando o afastamento de controvérsias nos demais tribunais.

**O presente projeto, portanto, se presta** à não só mapear as decisões do TJ-RJ que sejam concernentes ao agravo de instrumento e ao Tema n° 988 do STJ, mas também a se aprofundar nessas decisões, visando obter maiores dados e esclarecimentos teóricos em relação à fundamentação desses magistrados (ou à ausência dela, conforme o caso) para aplicação ou desconsideração da tese consolidada pelo tribunal Superior [...].

Fonte: Bernini, 2022.

Os três primeiros parágrafos evidenciam a problemática apresentada pela pesquisa ao usar termos como "inconsistência", "controvérsia", "falta de uniformização". O último parágrafo destaca os resultados esperados, por isso afirma o que se pretende fazer, como "mapear as decisões" e "se aprofundar nessas decisões". Com esse desenvolvimento textual, temos as três partes da justificativa sendo construídas:

a) Retomada da problemática.
b) Apresentação dos efeitos dessa problemática.
c) Resultados esperados e relevância da pesquisa por ir em busca desses resultados.

É importante dizer que a problemática da pesquisa não necessariamente revela um "problema", uma falta, uma carência. Se vamos fazer estudo comparativo entre a peça teatral *O auto da compadecida*, de Ariano Suassuna (1955), e o filme de mesmo nome do diretor Guel Arraes (2000), buscando avaliar os diferentes efeitos estéticos causados pela peça e pelo filme no leitor/espectador e a sua recepção das obras em diferentes momentos históricos, essa pesquisa não evidencia uma "carência social" que precisa ser combatida e, portanto, investigada cientificamente. Há aqui pesquisa que envolve estudo comparado da adaptação de uma grande obra de Suassuna.

### 6.1.5.5 Metodologia

Muitos acreditam que pensar em metodologia é apenas pensar nos métodos a serem utilizados na realização do estudo. A metodologia está atrelada ao caminho percorrido pela pesquisa desde o momento da escolha do tema até sua finalização com a escrita da monografia, da dissertação, da tese, do artigo científico.

Pensar sobre o tema, delimitá-lo, escolher os textos teóricos a serem lidos, a forma de leitura e análise desses textos, a coleta de dados, a necessidade de se usar insumos, laboratórios, testagens, maquinários, tecnologia, as etapas que a pesquisa precisará ter, com o tempo necessário para cada uma, tudo isso está dentro do que chamamos de metodologia.

O pesquisador precisa, nesse capítulo, definir essas questões e pensar nos métodos de pesquisa e de procedimento que serão determinantes para a efetivação do estudo.

Pesquisa é algo muito sério, suas bases vão mover os conhecimentos que uma sociedade tem sobre o mundo, sobre teorias, conceitos, leis. Pular etapas, não as definir com cuidado, coletar de forma equivocada dados ou fazer análises falaciosas podem levar a pesquisa a resultados falsos.

Uma dica que damos nessa obra é ter o pesquisador conhecimento dos métodos de pesquisa, dos métodos usados na sua área de atuação, ler e se aprofundar sobre metodologia científica. O conhecimento é tudo e, muitas vezes, pesquisadores, sejam estudantes da graduação, sejam de doutorado, conhecem muito o tema da pesquisa e pouco sobre os métodos que precisarão ser empregados para estudar esse tema.

Exemplo disso são os estudos interdisciplinares. É muito comum alunos de Comunicação Social, de Direito, de Letras e de outros cursos fazerem pesquisas na graduação sobre temas que envolvem mais de uma área do saber.

No Jornalismo, por exemplo, falar sobre violência contra a mulher no século XIX e usar a obra *Dom Casmurro*, de Machado de Assis, como base histórica para evidenciar que Capitu sofria violência psicológica e patrimonial por parte de Bentinho, é tema bem interessante.

**A pergunta que se deve fazer é: o pesquisador tem conhecimento sobre a área da literatura? Sobre Teoria Literária?**

Caso não tenha e não consiga mergulhar em conhecimentos sobre essa área, a probabilidade de observar a obra apenas pelo olhar de jornalista é muito grande. Isso pode comprometer os resultados da pesquisa. Em uma banca recente, uma estudante de Jornalismo afirmou que Machado naturalizava a violência contra a mulher ao inserir uma personagem feminina sendo violentada pelo marido na obra.

Estudar a literatura requer conhecimentos da área para que se possa olhar o autor como criador de um mundo literário que não necessariamente condiz com sua forma de enxergar esse mundo. Suas personagens podem, inclusive, ter comportamentos completamente avessos ao que pensa o autor. Sem compreender a relação entre obra, autor e mundo, as conclusões feitas pela pesquisa podem ser comprometidas. Por isso, é de suma importância estudar sobre o que são os estudos interdisciplinares, como realizá-lo com base em sua área e seu tema, bem como ler textos atuais sobre sua utilização.

O mesmo ocorre quando planejamos comparar. Existem no Direito, por exemplo, estudos metodológicos sobre Direito Comparado. Nessa área, é comum comparar sistemas políticos, constituições, leis, teorias entre outros aspectos. Comparar cientificamente não é tarefa simples, para isso, faz-se necessário ler textos sobre Direito Comparado que auxiliem o pesquisador a realizar essa tarefa em sua pesquisa. Não é à toa que existem a Literatura Comparada e a Psicologia Comparada, entre outros campos de estudo que pensam no procedimento comparativo para diferentes áreas do saber.

Como este livro não é sobre metodologia científica, aconselhamos a leitura de livros recentes sobre assunto para poder desenvolver esse capítulo no seu texto acadêmico. São muitos detalhes que envolvem essa parte do projeto e os concursos de seleção para Mestrado e Doutorado desejam ver se o candidato possui vasto conhecimento sobre metodologia científica focado na área a qual o tema do estudo está sendo desenvolvido. Se o candidato é de Letras, a banca deseja saber se o candidato conhece os recentes estudos metodológicos envolvendo pesquisa nessa área.

Após buscar todas essas leituras e conhecimento, destacamos aqui o que entendemos ser as partes que o capítulo do projeto sobre Metodologia precisa conter:

a) **Exposição de detalhes** sobre técnicas, procedimentos, tipo de pesquisa que serão utilizados.
b) Apresentação do método de pesquisa e de **procedimentos** que serão empregados.
c) Apresentação das **principais fontes** a serem usadas, nome dos autores, de relatórios de pesquisa, de manuais, da legislação, de casos concretos, entre outras fontes. Se for fazer pesquisa de campo, aplicar experimentos, desenvolver algum produto ou tecnologia, isso deve ser dito e como será feito.
d) Definição das **etapas da pesquisa**. Caso seja pesquisa para escrever a monografia, por exemplo, cada etapa se refere ao que será desenvolvido em cada capítulo da monografia.

O caminho que a pesquisa percorrerá, em sua totalidade, precisa ser apresentado na metodologia com cuidado, mostrando como esse percurso, essa divisão das etapas, essas escolhas dos métodos, das técnicas e das fontes são determinantes para se alcançarem os resultados e objetivos do estudo.

### 6.1.5.6 Fundamentação teórica

A fundamentação teórica, em um projeto de pesquisa, desenvolverá com mais detalhes o tema, a problemática envolvida, as informações recentes e importantes sobre a temática e seu recorte, os posicionamentos de especialistas no assunto, os dados recentes, entre outros embasamentos necessários para tratar a respeito do que se vem discutindo na atualidade sobre o objeto de estudo.

Por isso, a fundamentação traz citações diretas e indiretas de fontes bibliográficas sobre o tema, apresenta as discussões recentes sobre o assunto e mostra, com isso, que o pesquisador está por dentro do que vem sendo estudado sobre a temática escolhida.

É válido destacar que, dependendo do tema, é importante usar fontes recentes (últimos dez anos). Há temáticas que necessitam citar estudos mais antigos e isso não é um problema, caso sejam esses estudos e esses autores determinantes para a pesquisa. Um exemplo seria tema envolvendo o conceito de literatura. Inevitavelmente o pesquisador precisará mencionar grandes teóricos do século XX que se debruçaram sobre esse conceito e que são referência sobre o assunto. É claro que pesquisas contemporâneas são também importantes para pensarmos em como hoje o conceito está sendo concebido, mas não há como escapar da citação dessas ideias construídas há mais de dez anos.

Para escrever a fundamentação, imagine-a como uma ampliação da Introdução, porém aqui a parte do conceito, da problemática e dos objetivos e metas da pesquisa serão mais desenvolvidos e fundamentados.

Outro ponto de destaque, como já mencionado, é apresentar pesquisas atuais sobre o tema, o que já foi investigado, quais conclusões já se chegou, quais são as brechas ainda existentes, o que precisa ser mais desenvolvido, fazer uma reflexão sobre o objeto de estudo conversando com estudos científicos atuais.

Daniel Bernini (2022), logo no início de sua fundamentação de seu projeto, escreve:

> Para que seja possível compreender toda a discussão jurídica acerca das hipóteses de cabimento do agravo de instrumento, faz-se necessário, de antemão, uma clara explanação dessa espécie de recurso, bem como um breve histórico de sua existência ao longo da evolução processual civil brasileira.

Logo no primeiro parágrafo, Bernini expõe a importância de a fundamentação explanar conceitos e contextualização histórica necessárias para se pensar no tema escolhido e nas hipóteses levantadas pelo estudo. Na sequência, em outras partes da fundamentação não citadas diretamente aqui, ele se concentra em apresentar a tendência legislativa de diferentes momentos históricos e as primeiras regulamentações sobre procedimentos processuais no Direito brasileiro. Para isso, cita Código Civil de 1939, depois o de 1973, e assim segue destacando a maneira como a temática era entendida e aplicada. Tudo isso para relacionar seu tema com o pensamento contemporâneo e suas particularidades, foco da pesquisa de Bernini.

### 6.1.6 Parte pós-textual

#### 6.1.6.1 Referências

Nessa parte, tudo o que foi citado de referencial teórico, ao longo de todo o projeto, deve estar listado nesse capítulo a partir das regras de formatação. Isso inclui todos os livros, artigos, sites, reportagens, notícias, textos retirados de sites, todos os itens considerados fontes da pesquisa.

As referências precisam vir em ordem alfabética e alinhadas à esquerda. Mais detalhes sobre a formatação serão dados no próximo capítulo desse livro.

Um desvio comum é a não inserção de todas as fontes utilizadas para escrever o projeto nas referências. Sites, livros, estatísticas, matérias jornalísticas, entrevistas retiradas de canais na internet, tudo precisa estar nas referências.

#### 6.1.6.2 Anexo

Ao fim do texto acadêmico, após as referências, ocorre de os autores quererem anexar documentos, comprovantes, imagens, mapas, leis, documentos que não foram elaborados pelo próprio pesquisador, mas que ele observa como importantes de serem deixados no texto acadêmico para fim de verificação do leitor. É mais comum o uso de anexos em monografias, teses, dissertações do que em projetos de pesquisa. Isso não significa que não possa ocorrer.

Exemplos comuns desse uso em monografias são entrevistas feitas ao longo da pesquisa, utilizadas e comentadas na parte textual (nos capítulos de desenvolvimento do texto) e inseridas na íntegra nos anexos.

No projeto, se o tema é sobre mineração e seus efeitos na região Sudeste do Brasil, imagens desse fenômeno podem ser inseridas no Anexo.

### 6.1.6.3 Apêndice

Diferentemente do anexo, Apêndice são textos produzidos pelo próprio pesquisador (quem está escrevendo o projeto de pesquisa). Pode ser uma tabela criada pelo próprio pesquisador ou outro texto que seja importante para a apresentação da pesquisa.

### 6.1.7 Linguagem do projeto de pesquisa

O projeto de pesquisa segue a linguagem de textos acadêmicos, como artigos científicos, monografias, dissertações e teses. Recomenda-se, portanto, em síntese:

a) usar a terceira pessoa do singular ou a primeira do plural.
b) Evitar coloquialidades e o uso da primeira pessoa do singular.
c) Escrever de acordo com a norma padrão da língua portuguesa.
d) Ter cuidado com marcas da oralidade, como uso da palavra "daí" e das expressões "que é" e "é que".
e) Formatar de acordo com as normas de formatação exigidas pela instituição para a qual será enviado o projeto.
f) Evitar frases longas, ideal são frases de até 3 linhas. O mesmo vale para os parágrafos, ideal mantê-los em tamanho harmônico, não escrever uns muito longos e outros muito curtos.
g) Atentar-se para a comunicação com seu leitor e não usar termos arcaicos.

### 6.1.8 Formatação do projeto de pesquisa

O projeto de pesquisa pode ter formatos diferentes, dependendo da instituição que o estiver recebendo ou solicitando. É interessante pontuar que, em geral, é dividido em capítulos sequenciados, ou seja, não se pula página para o capítulo seguinte.

Letra, espaçamentos, recuos, margens são formatados dependendo da norma técnica seguida pela instituição e curso. Se for ABNT, por exemplo, o texto precisará respeitar a formatação dessa Associação.

## 6.2. Monografia

### 6.2.1 Definição

Monografia é um texto acadêmico utilizado como requisito para a finalização de uma graduação ou o encerramento de uma pós-graduação. É uma forma de trabalho de conclusão de concurso. Vale mencionar que monografia não é sinônimo de Trabalho de Conclusão de Curso, pois há universidades e cursos que solicitam como trabalho de conclusão um projeto experimental, o desenvolvimento de algum produto, como documentário, maquete, aplicativo, entre outras tantas possibilidades.

Consideramos esse texto como um gênero acadêmico que se estrutura para desenvolver de forma científica o projeto de pesquisa, seguindo suas etapas a partir de metodologia bem delimitada. Em geral, é um texto de até 40 páginas (contando a parte pré e pós-textual).

### 6.2.2 Partes constituintes

A monografia possui:

▶ **Parte pré-textual:**
Capa (obrigatório)
Contracapa (obrigatório)
Folha de aprovação (obrigatório)

Dedicatória (opcional)
Agradecimentos (opcional)
Epígrafe (opcional)
Resumo (obrigatório)
Resumo em língua estrangeira (obrigatório)
Lista de abreviaturas e siglas (opcional)
Lista de ilustrações (opcional)
Lista de tabelas (opcional), lista de símbolos (opcional)
Sumário (obrigatório)

▶ **Parte textual:**
Introdução
Capítulos (em geral, três)
Conclusão

▶ **Parte pós-textual:**
Referências (obrigatório)
Glossário (opcional)
Anexos (opcional)
Apêndice (opcional)
Índice (opcional)

### 6.2.3 Planejamento e pesquisa bibliográfica

Para desenvolver a parte textual da monografia, é de suma importância muita leitura sobre o tema a ser desenvolvido. Para isso, o planejamento feito no projeto de pesquisa deve ser usado nesse momento. Se cada etapa da pesquisa gerará um capítulo da monografia, é importante delimitar um cronograma em semanas para elencar o momento de leitura de todas as bibliografias necessárias para escrever o primeiro capítulo. Após as leituras, o momento é de iniciar a escrita do texto.

Quando começar as leituras dos textos necessários para escrever os capítulos da monografia, é interessante fazer fichamentos. Isso significa que tudo o que for lido (livros, artigos etc.) precisa já ser passado, de forma resumida, para um arquivo de *word*. Isso fará com que você ganhe tempo, já que todas as leituras estarão organizadas em arquivos, já resumidas, com marcações das páginas de onde foram tiradas as informações. Quando a escrita do capítulo em si começar, todas essas anotações poderão ser organizadas para dar corpo ao seu texto.

Atente-se que é importante resumir apenas o que for, de fato, empregado para escrever o capítulo da monografia. Esse resumo já pode ser feito utilizando linguagem acadêmica, citando o autor e suas ideias.

### 6.2.4 Linguagem e formatação da monografia

Assim como o projeto, a linguagem deve ser acadêmica, formal, de acordo com a norma padrão da língua portuguesa, e deve ter um tom claro, objetivo e bem fundamentado.

A formatação dependerá da norma técnica que deverá ser usada. Como já dito, é muito comum o uso da ABNT na formatação dos textos acadêmicos no Brasil. Diferentemente do projeto, os capítulos da monografia precisam iniciar em página subsequente ao fim da página do capítulo anterior. Se o primeiro capítulo termina na página 25, o segundo deve começar na próxima página, na 26.

# 7. As normas de formatação

Quando desenvolvemos um trabalho acadêmico, estabelecemos comunicação entre pesquisadores e cientistas do mundo todo. Em virtude disso, é importante cuidar da comunicação que será estabelecida por meio desses textos. Se cada pesquisador escrevesse da maneira que quisesse, essa comunicação poderia não ser efetivada da melhor forma. Por isso, existirem normas para a estruturação e formatação do texto acadêmico é elemento determinante para uma boa comunicação no mundo acadêmico.

## 7.1 As normas técnicas de formatação do texto acadêmico

Uma das normas técnicas para formatação de textos acadêmicos mais conhecida é a ABNT (Associação Brasileira de Normas Técnicas). Contudo, não existem apenas essas normas. Abaixo segue uma lista de outros sistemas:
- Chicago;
- APA (*American Psychological Association*);
- MLA (*Modern Languagem Association*);
- Vancouver;
- ACM (*Association for Computing Machinery*).

É fundamental entendermos que, dependendo da instituição brasileira ou estrangeira e também da área (Psicologia, Humanidades, Ciências exatas etc.), a norma a ser usada será diferente. A APA, por exemplo, é muito usada na área da Psicologia e Ciências Sociais. A MLA é muito usada em universidades americanas, inclusive, é necessário conhecê-la caso haja desejo em estudar nos EUA. A

ACM é muito usada na área da programação. Por mais que seja muito comum nas universidades brasileiras o uso das ABNT para a formatação de monografias, artigos, dissertações e teses, esses outros sistemas podem ser exigidos e é importante conhecê-los.

Outro ponto a ser lembrado é: **essas normas não precisam necessariamente serem seguidas à risca.** Há editoras, revistas, universidades e instituições de pesquisa no geral que inserem seus próprios regramentos em seus manuais de formatação. Se vai escrever sua monografia, é importante perguntar ao orientador quais regras deve seguir e se a universidade e o curso possuem manual próprio de formatação.

## 7.2 A ABNT

### 7.2.1 Formatação geral do texto acadêmico

A Associação Brasileira de Normas Técnicas (ABNT) possui uma série de manuais utilizados para padronizar o texto acadêmico. Temos, por exemplo, a NBR 6023, que trata sobre a formatação das Referências, a NBR 10520, sobre citação, a NBR 6027, sobre Sumário, e assim se segue, com outras normas que impactam o texto acadêmico.

De forma geral, a formatação que se pede é a seguinte:
- Folha A4;
- Letras Times ou Arial 12;
- Margens: esquerda e superior = 3 cm; direita e inferior = 2 cm;
- Espaçamento entrelinhas geral 1,5;
- Espaçamento das citações longas (com mais de 3 linhas) é de 1,0;
- Alinhamento do texto = justificado;
- Itálico = se usa em palavras estrangeiras, neologismos e para título de obras (livros, artigos, manuais etc.);
- Aspas se usam apenas para citações.

É importante conhecer os manuais da ABNT em que se poderá tirar as informações sobre a formatação:
- Capa – NBR 14724;
- Paginação – NBR 14724;
- Sumário – NBR 6027;
- Citação – NBR 10520;
- Referências – NBR 6023.

### 7.2.2 Citações diretas e indiretas

De acordo com a ABNT (2023, p. 1), citação é a "menção de uma informação extraída de outra fonte". Isso significa que sempre que escrevemos nossos textos e usamos informações de outros textos (livros, artigos, leis, sites, manuais, relatórios, vídeos etc.) precisamos citá-los. Usar as informações e não citar os autores desses textos é plágio. A norma de citação 10520 da ABNT de 2002 foi a primeira publicação dessa Associação que uniformizou o uso de citações em textos científicos. Enquanto escrevíamos o livro, a segunda edição dessa norma foi lançada, em julho de 2023. Este capítulo abordará as regras novas, atualizando nosso leitor das regras mais recentes sobre o uso das citações. Pelo fato de ser muito recente, haverá ainda fase de transição para que todas as instituições públicas e privadas que usam como base a norma da ABNT em seus textos acadêmicos se enquadrem definitivamente às mudanças apresentadas na edição de 2023.

**As citações são divididas em diretas e indiretas.** As diretas referem-se a citações feitas de trechos exatamente iguais a como está na fonte consultada. Ao consultar um livro para escrever uma monografia, por exemplo, queremos usar um trecho exatamente igual a como está no livro consultado. Ao pegarmos esse trecho e inserirmos na monografia, estamos fazendo uma citação direta.

Se essa **citação** tiver **menos de três linhas**, deixamos no corpo do texto entre aspas com a mesma formatação do parágrafo (letra 12 e espaçamento entrelinhas 1,5).

> **Citação direta com menos de 3 linhas:**
>
> De acordo com Lakatos e Marconi (2010, p. 174), "a característica da pesquisa documental é que a fonte de coleta de dados está restrita a documentos, escritos ou não, constituindo o que se denomina de fontes primárias".

Caso essa **citação direta** tenha **mais de três linhas**, precisará ser inserida de forma isolada do parágrafo. É necessário pular linha, colocar o trecho em recuo de 4cm, com letra 10 e espaçamento entrelinhas 1,0.

**Citação direta com mais de três linhas:**
De acordo com Lakatos e Marconi (2010, p. 174):

> a característica da pesquisa documental é que a fonte de coleta de dados está restrita a documentos, escritos ou não, constituindo o que se denomina de fontes primárias. Estas podem ser feitas no momento em que o fato ou fenômeno ocorre, ou depois.

Se as citações diretas apresentam trechos idênticos ao da fonte consultada, diferentemente, nas citações indiretas, esses trechos não são iguais. O que ocorre é que se escreve com outras palavras o que está na obra consultada. Em virtude disso, não se usam aspas na citação indireta.

> **Citação indireta:**
>
> De acordo com Lakatos e Marconi (2010, p. 174), a pesquisa documental refere-se a documentos produzidos durante ou depois do fenômeno ocorrer.

### 7.2.3 Citação de citação

É a citação de texto em que não se teve acesso ao original. Isso significa que lemos um livro e lá observamos trecho de algum teórico diferente do autor do texto consultado. Por achar importante esse trecho, queremos usá-lo sem ter, de fato, ido à fonte original. Dessa forma, estamos usando a citação da citação.

Por exemplo, lê-se a obra do autor X. Esse autor citou, em seu texto, o autor Y. Você quer citar Y na sua monografia. Estará usando citação de citação. Como citar? Será assim:

> "[...] o viés organicista da burocracia estatal e antiliberalismo da cultura política de 1937, preservado de modo encapuçado na Carta de 1946" (Vianna, 1986, p. 172 *apud* Segatto, 1995, p. 214-215).

O trecho acima foi escrito por Vianna. Esse autor foi citado por Segatto em obra publicada em 1995. O termo *apud* significa "citado por". Logo, deve-se inserir, dentro dos parênteses, primeiramente o nome de quem, de fato, escreveu o trecho citado (Vianna). Depois, após o termo *apud*, inserimos o nome do autor da obra que consultamos (Segatto).

### 7.2.4 Formas de citação: sistema autor-data e nota de rodapé

Existem duas formas de fazer menção à fonte consultada na hora de citá-la no texto acadêmico: usando o **sistema autor-data** ou o **sistema nota de rodapé**.

O **sistema autor-data** é aquele em que, antes ou depois da citação, dentro dos parênteses, inserimos informações como sobrenome do autor, ano e página do texto consultado:

> Essa nova definição acerca das situações agraváveis "comportava uma interpretação discricionária acerca do que era lesão grave e de difícil reparação, a fim de enquadrá-la como agravável" (Becker, 2017, p. 239).

Na primeira edição da NBR 10520, de 2002, o sobrenome do autor vinha em caixa-alta dentro do parêntese; agora o sobrenome vem com a primeira letra em maiúscula e o restante em minúscula.

Vemos no exemplo acima que os parênteses com sobrenome do autor (primeira letra maiúscula e restante em minúscula), ano e página estão após a citação (finalizada com as aspas) por ser uma citação direta com menos de três linhas. Caso não haja número da página no documento original, não precisa inserir nenhuma informação quanto a isso, apenas colocar sobrenome do autor e ano. Se a obra citada for um livro e houver indicação de volume, tomo ou seção, essas informações devem ser inseridas dentro dos parênteses.

Exemplo: (Senac, 1979, v. 1, p. 16)

Vale destacar que, se autoria for uma instituição, coloca-se dentro dos parênteses o seu nome, usando a sigla ou escrevendo por extenso:

Exemplo: (Organização Mundial da Saúde, 2023) ou (OMS, 2023).

Se não houver autoria, o indicado pela norma de 2023 é inserir a primeira palavra do título do texto seguido de [...], mais ano e página. Isso se o título for composto por mais de uma palavra.

O colchete com os três pontos indica que o título do texto possui mais de uma palavra.

Exemplo: "Em queda pela terceira vez seguida, o dólar caiu para R$ 4,72, menor valor desde abril de 2022" (Dólar [...], 2023).

O título da notícia citada acima é: Dólar cai para R$4,72, menor valor em 15 meses, após elevação de nota de crédito do Brasil. Para não inserir o título todo, coloca-se a primeira palavra (Dólar) e o colchete com os três pontos ao lado para indicar que o texto é composto por mais de uma palavra. Se o título for formado por apenas uma palavra, não haverá necessidade de usar os colchetes.

De acordo com a regra atualizada de 2023, o ponto final não é usado para encerrar a citação, mas a frase, por isso o ponto só será usado depois dos parênteses. Era comum o uso do ponto antes do fim das aspas ou depois do fim das aspas. O ponto deve ser usado sempre depois dos parênteses, tanto nas citações longas quanto nas curtas.

Podem-se também inserir essas informações antes da citação:

> Segundo Becker (2017, p. 239), essa nova definição acerca das situações agraváveis "comportava uma interpretação discricionária acerca do que era lesão grave e de difícil reparação, a fim de enquadrá-la como agravável".

No exemplo acima, ao inserir as informações do texto consultado antes da citação, colocamos o sobrenome do teórico em caixa baixa e, logo em seguida, inserimos os parênteses com ano e página. Fique atento que o formato antes e depois da citação é diferente. Vale lembrar que essas informações são colocadas ou antes ou depois da citação, e não as duas ao mesmo tempo.

Nas citações indiretas, também precisamos inserir os dados do texto consultado:

> Além dessa relevante alteração, o Código de 1973 extinguiu mais uma modalidade de agravo: o de petição, unificando o uso da apelação contra qualquer tipo de sentença, independente do seu conteúdo (Didier Jr.; Da Cunha, 2020, p. 255).

Quando o caso for citação de citação, a formatação é aquela apresentada no subcapítulo anterior.

> Observe que, quando temos dois autores para a mesma obra, dentro dos parênteses, separamos esses sobrenomes com ponto e vírgula, como abaixo:
>
> (Lakatos; Marconi, 2021, p. 25)
>
> Caso a obra tenha sido escrita por mais de três autores, é possível colocar o sobrenome de todos os autores separados por ponto e vírgula dentro dos parênteses ou colocar o nome do primeiro autor e, em seguida, a expressão em latim *et al*. Vale destacar que é necessário escolher uma das duas formas e seguir usando a mesma durante todo o texto.

No **sistema nota de rodapé**, as informações sobre as fontes consultadas no momento da citação são inseridas no rodapé (fim) de cada página.

> Jorge Luís Borges, em um brilhante ensaio intitulado 'Kafka e seus precursores', produz uma argumentação interessante sobre esta questão. Examinando uma série de textos de Zenon, Han Yu, Kierkegaard, Leon Bloy e Lord Dunsany, denominadas como "precursores", chega à seguinte conclusão: "Em cada um destes está a idiossincrasia de Kafka, em grau maior ou menor, mas Kafka não houvesse escrito, não a perceberíamos, vale dizer, não existiria"[1].

Pode-se perceber que, logo após as aspas, aparece o número 1. Para isso, é necessário ir até à barra de ferramentas no *word* (parte superior), apertar "Referências" e depois "Inserir Nota de Rodapé". Esse número não é inserido manualmente; assim, ele aparecerá de forma correta se o comando feito no *word* for esse explicado anteriormente.

É importante que, se forem feitas cinco citações ao longo da página, haverá 5 (cinco) notas ao final da folha trazendo as informações de cada fonte consultada. A formatação de cada uma precisa respeitar as regras da ABNT sobre "Referências" (será visto no próximo subcapítulo).

A citação de citação na nota de rodapé será feita de forma diferente do sistema autor-data. Para mais detalhes, vá ao subcapítulo 2.2 deste capítulo sobre referências.

---

[1] BORGES, J. L. **Obra completa**. Buenos Aires: Emeci, 1974, p. 250.

> **Autor-data**
> Merton (*apud* Lakatos; Marconi, 2010, p. 110), por outro lado, "critica a concepção do papel indispensável de todas as atividades, normas, práticas, crenças etc. para o funcionamento da sociedade. Cria então o conceito de *Junções manifestas* e *Junções latentes*".
>
> **Nota de rodapé**
> Merton, por outro lado, "critica a concepção do papel indispensável de todas as atividades, normas, práticas, crenças etc. para o funcionamento da sociedade. Cria então o conceito de *Junções manifestas* e *Junções latentes*."[2]

Fique atento à formatação. Para as notas de rodapé, o tamanho da letra indicado é 10.

É comum, ao usarmos as notas de rodapé, repetirmos a mesma obra. A NBR 10520 de 2023 indica que, nesses casos, a primeira vez que a obra é citada venha referenciada de forma completa. Nas próximas vezes, pode-se usar de forma abreviada usando as seguintes expressões latinas (todas em itálico): *idem* (*id.*), *ibidem* (*ibid.*), *opus citatum* (*op. cit.*) entre outras.

*Idem* é usada quando a obra imediatamente anterior for do mesmo autor, mas de documento diferente. Paulo Freire, por exemplo, possui vários livros publicados. Se você cita trecho de um livro e, logo depois, cita trecho de outro, o autor é o mesmo, mas a obra não.

Exemplo: [ao inserir esses exemplos de nota, colocar aquele número subscrito antes de FREIRE, aquele número menor ao alto

---

[2] MERTON, R. Sociologia: teoria e estrutura. *In*: LAKATOS, E.; MARCONI, M. **Fundamentos da Metodologia Científica.** São Paulo: Atlas, 2010, p. 110.

que marca o início de uma nota de rodapé; fazer isso com todos esses exemplos; colocar o título do livro em negrito]

FREIRE, Paulo. **Pedagogia do oprimido.** 67. ed. Rio de Janeiro: Paz & Terra, 2013, p. 50.
*Idem*, 2018, p. 60.

Veja que o autor é Paulo Freire, mas a primeira obra citada é de 2013 e a segunda de 2018.

Já o termo em *latim ibidem* é usado quando o autor e a obra são as mesmas:

Exemplo:
FREIRE, Paulo. **Pedagogia do oprimido.** 67. ed. Rio de Janeiro: Paz & Terra, 2013, p. 50.
*Ibid.*, p. 53.

*Opus citatum* (*op. cit.*) é usado quando a obra citada de mesmo autor ou texto não vem de modo subsequente, há uma citação à outra obra e autor intercalada:

Exemplo:
FREIRE, Paulo. **Pedagogia do oprimido.** 67. ed. Rio de Janeiro: Paz & Terra, 2013, p. 50.
BAKHTIN, 2011, p. 11.
FREIRE, *op. cit.*, p. 60.

Veja que entre as obras de Freire, temos a obra de Bakhtin intercalada, por isso, ao citar novamente Paulo Freire, precisamos colocar novamente o sobrenome do autor mais ano e página da obra.

Todas essas notas de rodapé mencionadas acima só podem ser usadas na mesma página em que a obra a que elas se referem tenha sido apresentada anteriormente em sua forma completa.

Para mais detalhes sobre os demais termos em latim, sugerimos leitura da norma NBR 10520 na íntegra.

### 7.2.4.1 Grifos

Outro ponto de atenção são os grifos. Se for destacar qualquer parte da citação, faça isso em negrito. Se o destaque tiver sido dado pelo autor do texto consultado, não é necessário inserir nenhuma observação. Se tiver sido dado por quem está escrevendo o texto acadêmico, insira a expressão "grifo nosso" ou "grifo próprio".

> Segundo o autor, "entrar em empatia com esse outro indivíduo, **ver axiologicamente o mundo de dentro dele tal qual ele vê**, colocar-me no lugar dele e, depois de ter retornado ao meu lugar, completar o horizonte dele com o excedente de visão que desse lugar se descortina fora dele" (Bakhtin, 2011, p. 23, grifo nosso).

No trecho acima, retirado do artigo *O lugar do outro no desenvolvimento das personagens me romance de formação sob a perspectiva bakthiniana*, escrito por Anne Morais (2019), é feita uma citação do autor Mikhail Bakhtin. Veja que, dentro da citação, há destaque em negrito. Tal destaque não foi feito pelo próprio Bakhtin, mas por quem o citou, a estudiosa Anne Morais. Por isso, nesse caso, usamos a expressão grifo nosso após o número da página dentro do parêntese.

### 7.2.4.2 Supressões

Ao citar, utilizamos trechos da obra consultada. Nesse momento, pode-se necessitar suprimir parte desse trecho. Quando isso ocorre, estamos fazendo uma supressão do texto citado. **Para isso, precisamos usar o símbolo [...]**, o que demonstra que parte do texto consultado foi suprimido.

> "Os gregos tiveram o senso inato do que significa 'natureza'. Relação com a sua constituição espiritual [...]. Assim, a estrutura do seu também era pensada como estrutura natural, amadurecida, originária e orgânica" (Jaeger, 2001, p. 13).

Ocorre também de se fazerem interpolações, acréscimos ou comentários no meio da citação. Isso se dá quando o autor do trabalho acadêmico deseja acrescentar alguma palavra ou comentário na citação do autor citado. **Para isso, usa-se o símbolo [ ].** Observe:

> "Os gregos tiveram o senso inato do que significa 'natureza'. Relação com a sua constituição espiritual [...]. Assim, a estrutura do seu [todo ordenado] também era pensada como estrutura natural, amadurecida, originária e orgânica" (Jaeger, 2001, p. 13).

Veja que aparece, no meio da citação e dentro dos colchetes, o seguinte: [todo ordenado]. Essa expressão não foi escrita por Jaeger, autor da citação. Foi inserida pelo autor do trabalho acadêmico que quis acrescentar essa expressão para dar clareza ao trecho citado. É comum esses acréscimos quando suprimimos parte da citação, seja para dar mais clareza ao trecho citado, seja porque se faz necessário fazer algum comentário no meio da citação apresentada.

## 7.3 Elaboração das referências bibliográficas

Quando escrevemos um texto científico, consultamos livros, sites, jornais, revistas, monografias, artigos entre outras formas textuais. Esse material compõe o que chamamos de referências bibliográficas utilizadas para fundamentar as ideias dentro de uma obra acadêmica. Toda e qualquer fonte consultada e citada ao longo do texto acadêmico precisa estar ao fim da obra no capítulo chamado de Referências.

É necessário ter muita atenção às regras de formatação na hora de elaborar essa seção do texto. Vamos ver a seguir os regramentos mais comuns em textos acadêmicos.

A norma da ABNT que cuida das referências é a NBR 6023.

### 7.3.1 Livros com um ou mais autores

A partir deste tópico, o enfoque será a como se devem apresentar as referências, tanto as simplificadas, que ficam ao longo do texto, quanto as completas, que ficam na seção "Referências", ao final do trabalho acadêmico. É importante afirmar que, para essa exemplificação, a opção foi pelo negrito, porém, esse negrito também pode ser substituído por itálico. O importante é que o trabalho esteja uniforme em sua apresentação das referências. Ou seja, se a fonte em negrito for a escolhida, deverá ser empregada em todas as referências ao longo do trabalho, sempre que necessária. Por outro lado, se a fonte em itálico for a selecionada, ela será utilizada em todo o trabalho quando demandada.

Ao referenciar livros, precisamos obrigatoriamente inserir sobrenome (caixa-alta) e nome do autor. Título do livro em negrito (apenas o título que está antes dos dois pontos vai em negrito). Edição, Lugar, editora e ano.

---

HOBSBAWN, Eric. **Era dos extremos:** breve século XX: 1914-1991. 3. ed. Tradução: Marcos Santarrita. Revisão técnica: Maria Célia Paoli. São Paulo: Companhia das Letras, 1996.

---

Se o livro tiver mais de um autor, separe o nome de cada um usando ponto e vírgula:

> DIDIER JR., Fredie; CUNHA, Leonardo Carneiro da. **Curso de direito processual civil:** o processo civil nos tribunais, recursos, ações de competência originária de tribunal e querela nullitatis, incidentes de competência originária de tribunal. 17. ed. ver., atual. e ampl. Salvador: Ed. Juspodivm, 2020.

Caso seja mais de três autores, use a expressão em latim *et al.* em itálico.

> GRINOVER, Ada Pellegrini *et al.* **Juizados especiais criminais:** comentários a lei 9.099, de 26-09-1995. 2. ed. São Paulo: R. dos Tribunais, 1997.

### 7.3.2 Capítulo de livro

Há uma série de livros organizados por alguns autores e que reúnem textos escritos por várias pessoas. Em geral, cada capítulo é escrito por um teórico. Quando utilizamos apenas um capítulo como texto consultado, uma pergunta fica: referencio todo o livro ou referencio o capítulo? E como referenciar o capítulo sem mencionar o livro? Nesses casos, a formatação da referência deve ser:

> BORGES, Livia de Oliveira; YAMAMOTO, Oswaldo H. Mundo do trabalho: construção histórica e desafios contemporâneos. *In*: BASTOS, Antonio Virgílio Bittencourt; BORGES-ANDRADE, Jairo Eduardo; ZANELLI, José Carlos (org.). **Psicologia, organizações e trabalho no Brasil**. 2. ed. Porto Alegre: Artmed, 2014. Disponível em: http:online.minhabiblioteca.com.br/#/book s/9788582710852. Acesso em: 21 jun. 2016.

No exemplo acima, Livia Borges e Oswaldo Yamamoto escreveram um capítulo do livro organizado por Jairo Borges-Andrade e José Carlos Zanelli, chamado *Psicologia, organizações e trabalho no Brasil*.

Vemos que primeiro se faz referência aos autores do capítulo e seu título; depois se insere o termo "In", que significa "Em", para na sequência colocar o nome dos organizadores do livro, título, edição, lugar e ano.

Usar o termo **"In"** significa dizer que o capítulo chamado *Mundo do trabalho: construção histórica e desafios contemporâneos* pode ser encontrar **"Em"** *Psicologia, organizações e trabalho no Brasil*, livro organizado por Jairo Borges-Andrade e José Carlos Zanelli.

Como é um livro consultado virtualmente, deve-se inserir o link de acesso. O destaque em negrito, nesse caso, vai no **título do livro em que o capítulo está inserido.** É importante ter cuidado com isso: o negrito não vai no título do capítulo.

Essa formatação também é usada para fazer referência de citação de citação. Isso significa que primeiro virá o nome do autor que escreve a citação, para, em seguida, após *In*, aparecerem as informações da obra consultada.

### 7.3.3 Artigos científicos publicados em revista

Para fazer referência a artigos científicos, precisamos observar que eles, em geral, são publicados em revistas ou anais de eventos. Por isso, informações como nome da revista, ano, número, volume, mês de edição precisam ser inseridos.

Outro ponto importante é hoje, quase sempre, termos acesso a esses artigos via internet. Em virtude disso, é necessário colocar link e último acesso. Veja como ficará:

---

PANZUTTI, Nilce. Impureza e perigo para povos da floresta. **Ambiente e sociedade**, Campinas, v. 2, n. 5, p. 69-77, jul./dez. 1999. Disponível em: https://www.redalyc.org/pdf/317/31713413006.pdf. Acesso em 5 fev. 2023.

Observamos que, após os dados do autor e da obra, temos nome da revista (Ambiente e sociedade), lugar, volume, número, página (onde começa e termina o artigo), meses de edição da revista e ano.

Veja que em negrito é colocado o nome da revista e não o título da obra. Quando a referência é artigo publicado em revista, o nome da revista vai em negrito.

### 7.3.4 Textos jornalísticos

É comum, ao escrever textos para a universidade, utilizarem-se textos jornalísticos. Para referenciá-los, precisamos de algumas informações: nome do autor (se for mencionado), título da matéria, nome do jornal, data da publicação do texto, link do *site* e acesso.

> MÃE palmeirense vence prêmio 'Torcedor do Ano', no Fifa The Best. **O Globo**, 23 set. 2019. Disponível em: https://oglobo.globo.com/esportes/mae-palmeirense-vence-premio-torcedor-do-ano-no-fifa-the-best-23968259. Acesso em: 25 set. 2019.

No exemplo acima, o texto não possui autoria. Por isso, começamos com a primeira palavra da manchete em caixa alta e o restante escrito normalmente em caixa baixa. Depois o nome do jornal em negrito e a outras informações já mencionadas anteriormente.

Perceba que, nesse caso, o destaque em negrito vai no nome do jornal.

### 7.3.5 Monografias, dissertações e teses

Importante referencial bibliográfico a ser usado na escrita são os próprios textos acadêmicos, monografias, dissertações e teses.

> BRAVO, Otávio Augusto de Castro. **O caso Pinochet e o direito internacional penal**. 2002. 267 f. Dissertação (Mestrado em Direito Internacional) – Faculdade de Direito, Universidade do Estado do Rio de Janeiro, Rio de Janeiro, 2002.

O exemplo acima se refere a uma dissertação, texto entregue para a obtenção do título de Mestre. A sequência é composta de: sobrenome e nome do autor, título, ano, número total de folhas da dissertação (267 f.), identificação se o texto é dissertação, tese ou monografia, a área em que foi feito o Mestrado, a faculdade, lugar e ano. Veja que o ano aparece duas vezes, após o título e ao final da referência.

### 7.3.6 Textos publicados em anais de eventos

Pesquisadores brasileiros participam anualmente de eventos nas áreas em que atuam. Ao participar desses congressos, simpósios, jornadas, publicam os textos que apresentaram nesses espaços, o que chamamos de Anais.

Os Anais são, portanto, um conjunto de textos científicos publicados após um evento acadêmico. O uso desses anais como referencial bibliográfico para a escrita de textos acadêmicos é muito comum.

> QUINTELLA, Heitor M.; SOUZA, Levi P. Cultura de negócios: nova perspectiva dos estudos sobre o comportamento organizacional, estudo de caso em duas emissoras de TV educativa. *In*: ENCONTRO DA ANPAD, n. 25. **Anais** [...] Campinas 2001.

Observe-se que, quando a publicação é feita em eventos, diferentemente da publicação em revista científica, o nome do evento vem todo em caixa alta, após o título do texto publicado nos anais desse evento. Portanto, o formato é diverso. O que vem em negrito aqui é o título do texto. Veja que o termo "Anais" precisa vir antes do lugar e data com colchetes ao lado.

### 7.3.7 Textos publicados em sites

No mundo tecnológico em que vivemos, leem-se e usam-se muitas bibliografias retiradas de *sites*. Um exemplo disso é o *site* da Organização Mundial de Saúde (OMS). No *site* da OMS, encontramos relatórios, notícias, textos em geral que vão trazer informações sobre as últimas atualizações e dados que envolvam a saúde mundial. Usar essas informações como referencial teórico para desenvolver pesquisas é muito comum. Para fazer a referência, nesse caso, indicamos o seguinte:

> ORGANIZAÇÃO MUNDIAL DE SAÚDE. OMS recebe quase 1.200 inscrições para a segunda edição do Filme Festival Saúde para Todos. **OMS**, fevereiro de 2021. Disponível em: https://www.who.int/pt/news/item/04-02-2021-who-receives-nearly--1-200-entries-for-the-second-edition-of-health-for-all-film--festival. Acesso em: 17 fev. de 2023.

No caso de *sites*, o nome do *site* vem em caixa alta logo no início da referência. Depois, insere-se o título do texto, nome do *site* novamente (de preferência a sigla em negrito) e a data. Por fim, colocam-se link e acesso.

### 7.3.8 Legislação

Muitos são os documentos jurídicos citados em textos acadêmicos. Apresentamos abaixo alguns modelos de alguns desses documentos. Indicamos, caso não seja identificado modelo específico para o texto procurado, que busquem informações sobre a formatação na ABNT, na norma NBR 6023.

▶ **LEIS:**

BRASIL. **Constituição da República Federativa do Brasil de 1988.** Brasília, DP: Presidência da República, 2016. Disponível em: https://www.planalto.gov.br/ccivi l_03/Constituicao/Constituicao.htm. Acesso em: 22 fev. 2023.

BRASIL. **Lei n° 5.869, de 11 de janeiro de 1973.** Institui o Código de Processo Civil. Disponível em: http://www.planalto.gov.br/ccivill_03/leis/l5869.htm. Acesso em: 20 abr. 2022.

**Observações importantes:**
- quando for fazer referência da Constituição, veja qual edição está usando, se física ou virtual, e qual ano é a edição.
- Observe se a lei é nacional, estadual ou municipal. Caso seja estadual, por exemplo, no lugar de BRASIL, precisará inserir-se o nome do estado em caixa alta.

▶ **JURISPRUDÊNCIAS:**

BRASIL. Supremo Tribunal Federal. **Acórdão no Mandado de Injunção n° 20/DF.** Relator: MELLO, Celso de. Publicado no DJ de 22-11-1996 p. 45690. Disponível em http://redir.stf.jus.br/paginadorpub/paginador.jsp?docTP=AC&docID=81733. Acessado em 21-03-2013.

► **EMENDA CONSTITUCIONAL:**

BRASIL. Constituição (1988). **Emenda Constitucional n° 31**, de 14 de dezembro de 2000. Altera o Ato das Disposições Constitucionais Transitórias, introduzindo artigos que criam o Fundo de Combate e Erradicação da Pobreza. In: CONSTITUIÇÃO DA REPÚBLICA FEDERATIVA DO BRASIL. 17. ed. São Paulo: Atlas, 2001.

► **MEDIDA PROVISÓRIA:**

BRASIL. Medida Provisória n° 2.129-4, de 27 de dezembro de 2000. Dispõe sobre o reajuste dos benefícios mantidos pela previdência Social, e altera dispositivos das Leis n° 6.015, de 31 de dezembro de 1973, 9.212 e 8.213, de 24 de julho de 1991, 9.604, de 5 de fevereiro de 1998, 9.639, de 25 de maio de 1998, 9.717, de 27 de novembro de 1998, e 9.796, de 5 de maio de 1999, e dá outras providências. **Diário Oficial da União**, Brasília, DF, 28 dez. 2000. Seção 1, p. 29.615.

► **DECRETO:**

BRASIL. Decreto n° 3.847, de 26 de junho de 2001. Altera alíquota do Imposto sobre Produtos Industrializados – IPI incidente sobre os produtos que menciona. **Diário Oficial da União**, Brasília, DF, 26 jun. 2001. Seção 1, p. 1.

▶ **RESOLUÇÃO DO SENADO:**

BRASIL. Senado Federal. Resolução n° 10, de 2001. Autoriza a contratar operações de crédito externo, no valor equivalente a até US$ 404.040.000.00 (quatrocentos e quatro milhões e quarenta mil dólares norte-americanos), de principal, entre a República Federativa do Brasil e o Banco Internacional para Reconstrução e Desenvolvimento – Bird. **Diário Oficial da União**, Brasília, DF, 21 jun. 2001. Seção 1, p. 2.

▶ **CONSOLIDAÇÃO DE LEIS:**

BRASIL. Consolidação das leis do trabalho. **Decreto-lei n° 5.452**, de 1° de maio de 1943. Aprova a consolidação das leis do trabalho. 104. ed. São Paulo: Atlas, 2000. Coletânea de Legislação.

▶ **CÓDIGO:**

BRASIL. **Código civil**. Organização de Sílvio de Salvo Venosa. São Paulo: Atlas, 1993.

## ▶ APELAÇÃO CÍVEL:

BRASIL. Tribunal de Alçada Cível de São Paulo. 8º Câmara. Preparo. Recurso. Recolhimento de taxa judiciária em data posterior ao ingresso da irresignação. Inadmissibilidade, em face da necessidade da comprovação do adimplemento no momento da interposição do apelo. Art. 511, do Código de Processo Civil, com a nova redação dada pela Lei nº 8.950/94. Deserção decretada. Recurso improvido. Agravo de instrumento nº 733.236-5. Relator: Juiz Carlos Lopes, 13-8-1997. **Boletim da Associação dos Advogados de São Paulo**, nº 2099, p. 190-e, fev. 1998.

## ▶ RECURSO EXTRAORDINÁRIO:

BRASIL. Supremo Tribunal Federal (2. Turma). Recurso Extraordinário 313060/SP. Leis 10.927/91 e 11.262 do município de São Paulo. Seguro obrigatório contra furto e roubo de automóveis. Shopping centers, lojas de departamento, supermercados e empresas com estacionamento para mais de cinquenta veículos. Inconstitucionalidade. Recorrente: Banco do Estado de São Paulo S/A - BANESPA. Recorrido: Município de São Paulo. Relatora: Min. Ellen Gracie, 29 de novembro de 2005. **Lex:** jurisprudência do Supremo Tribunal Federal, São Paulo, v. 28, n. 327, p. 226-230, 2006.

▶ **SÚMULA:**

BRASIL. Superior Tribunal de Justiça. Súmula nº 97. Compete à Justiça do Trabalho processar e julgar reclamações de servidor público relativamente a vantagens trabalhistas anteriores à instituição do regime jurídico único. In: OLIVEIRA, Aristeu de. **Consolidação das leis do trabalho anotada.** 2. ed. São Paulo: Atlas, 2001. p. 857.

▶ **RECURSO ESPECIAL:**

BRASIL. Superior Tribunal de Justiça. Acórdão. Recurso Especial nº 111843/PR. 1º Turma. Responsabilidade Civil do Estado. Teoria Objetiva. Ação praticada por policial rodoviário, na presumida defesa de terceiro. Relator Min. José Delgado. **DJU**, Brasília, 24 abr. 1997, p. 16.512.

▶ **DOCUMENTO JURÍDICO EM MEIO ELETRÔNICO:**

BRASIL. Lei nº 9.995, de 25 de julho de 2000. Dispõe sobre as diretrizes para a elaboração da lei orçamentaria de 2001 e dá outras providências. **Diário Oficial da República Federativa do Brasil**, Brasília, DF, 26 jul. 2000. Disponível em: http://www.in.gov.br. Acesso em: 11 ago. 2000.

BRASIL. Supremo Tribunal Federal. **Súmula nº 14**. Não é admissível, por ato administrativo, restringir em razão de idade, inscrição em concurso para cargo público. Disponível em: http://www.truenetm.com.br/jurisnet/sumusSTF.html. Acesso em: 29 nov. 1998.

### 7.3.9 Documento audiovisual

Caso vá fazer referência de algum vídeo, documentário, canal no YouTube, entre outros, a formatação da referência é a seguinte:

> MARIGHELA. Produção de Wagner Moura. Produtoras: O2 Filmes, Globo Filmes e Maria da Fé. 2021. 155 min.

**No caso de documentos audiovisuais, nenhuma parte ficará em negrito.**

### 7.4 Formatação de textos eletrônicos

#### 7.4.1 Inserção do link

Diferentes tipos de referências são retirados de meios eletrônicos. Em virtude disso, a ABNT exige que o link apareça na composição da referência. Após a palavra "disponível", deve-se inserir o link. A formatação pede para manterem-se as referências alinhadas à esquerda e não colocar alinhamento justificado. Existe, porém, instituições que pedem o alinhamento justificado.

O link precisa aparecer sem a cor azul e sem sublinhado. Para isso, basta clicar no link com botão direito e apertar "Remover Hiperlink".

#### 7.4.2 Acesso

O Acesso vem logo após o link e sua formatação é a seguinte:

> Acesso em: 12 fev. 2023.

Veja que o mês vem abreviado.

> ROMÃO, Pablo Freire. Taxatividade do rol do art. 1.015, do NCPC: mandado de segurança como sucedâneo do agravo de instrumento? **Revista de processo**, São Paulo, ano 41, v. 259, p. 259-273, set., 2016. Disponível em: http://revistathemis.tjce.jus.br/index.php/TH EMIS/arti cle/view/504/506. Acesso em 11 mar. 2022.

## 7.5 Dicas gerais de formatação das referências

### 7.5.1 Edição

Livros são editados ao longo dos anos. Isso significa que uma obra escrita em 1990 é reeditada e novamente publicada. Nesse momento, falamos nas edições de um livro. Essa edição precisa aparecer evidenciada nas referências. E isso ocorre a partir da segunda edição.

> MARCONI, Marina; LAKATOS, Eva. **Fundamentos da Metodologia Científica**. 9. ed. São Paulo: Atlas, 2021.

Veja a formatação da edição: 9. ed. Existe outra forma: 3ª edição.

Fica a critério do autor do texto escolher qual usar, porém, ao escolher uma, formate todas as referências usando o mesmo formato para uniformizar a escolha.

### 7.5.2 Tradução

Ocorre, no texto acadêmico, a utilização de bibliografia escrita em outra língua. Por isso, ao usar uma tradução, é necessário citar no corpo do texto o trecho traduzido em português e na referência dessa citação, seja usando sistema autor-data, seja usando nota de rodapé, bem como inserir a expressão "tradução nossa" ou "tradução própria" (se a tradução for autoral). É importante também abrir uma nota de rodapé e colocar lá o trecho original em língua estrangeira.

> "Ao fazê-lo, pode estar envolto em culpa, perversão, ódio de si mesmo [...]" (Rahner, 1962, v. 4, p. 463, tradução nossa).

Caso a obra consultada seja já traduzida, basta inserir nas referências essa informação. Veja:

> GRAY, John. **Voltaire**: Voltaire e o Iluminismo. Tradução de: Gilson César Cardoso de Sousa. São Paulo: UNESP, 1999.

Por fim, deve-se reforçar sempre a importância de conhecer e acompanhar as publicações da ABNT – ou quaisquer outras que se tomem como base para a normatização de trabalhos produzidos nas universidades e em instituições afins –, que podem revisar questões – no geral, pontuais – que impactam os trabalhos acadêmicos. Conforme a necessidade, consulte livros dedicados à produção de trabalhos acadêmicos e à metodologia científica, bem como manuais mais relevantes da ABNT, para tirar dúvidas.

# 8. Considerações finais

Ao longo das páginas deste livro, buscou-se apresentar, ao leitor, a dinâmica dos gêneros acadêmicos, com enfoque mais detalhado nos seguintes gêneros: resumo, fichamento, resenha descritiva, resenha crítica, artigo científico, *paper*, ensaio, projeto de pesquisa e monografia acadêmica. Foi possível observar como os textos produzidos na academia possuem objetivos específicos e circulam em âmbitos diversos, por exemplo, em universidades e instituições que seguem o parâmetro científico em suas áreas de atuação. O avanço da sociedade e a consolidação do bem-estar social dependem da livre circulação de saberes, ideias, reflexões críticas, não somente sobre dados objetivos mensuráveis, mas também sobre práticas artísticas, literárias e culturais que mobilizam os sujeitos em suas trocas cotidianas, em diferentes lugares, épocas e contextos socioculturais.

Nesse passo, nos primeiros capítulos do livro – precisamente nos Capítulos 2 e 3 –, discutiram-se elementos como as características e o funcionamento dos gêneros do discurso, segundo Mikhail Bakhtin, o conceito de letramento autônomo e de letramento vernacular, os desafios das práticas de leitura e de escrita na era digital etc. Passou-se, então, para tópicos como os aspectos gerais da escrita acadêmica, seu estilo, o que diferencia a linguagem acadêmica em contraste, por exemplo, com textos literários, as implicações de conceitos como polifonia e intertextualidade etc. Em seguida, no Capítulo 4, apresentaram-se elementos que caracterizam a redação acadêmica. Então, jogou-se luz, dentre outros aspectos, sobre textualidade, coerência, coesão, estratégias para construção do parágrafo, seleção, organização e estruturação dos elementos textuais até a apresentação do texto final. A partir do Capítulo 5, discutiu-se detalhadamente sobre gêneros que são densamente explorados na universidade, desde os cursos de graduação até os cursos de pós--graduação.

Os gêneros acadêmicos entram para publicizar essas produções acadêmicas e científicas e, desse modo, contribuir para avanço do conhecimento complexo, sempre se baseando em fontes bibliográficas confiáveis e recentes. Mais ainda, a prática dos diversos gêneros acadêmicos também possibilita que professores e pesquisadores observem como os estudantes de graduação estão dominando essas práticas. Ou seja, esses gêneros oferecem subsídios para avaliação das mais diferentes disciplinas por parte de seus professores e tutores, que podem lançar mão dos gêneros aqui estudados e de outros para observar se os estudantes possuem as competências e habilidades previstas para cada uma das etapas no processo de ensino--aprendizagem em nível superior.

Por fim, espera-se que esse estudo detalhado contribua para o desenvolvimento de boas práticas de leitura e escrita no âmbito da academia, com uma linguagem acessível aos estudantes e ampliando um universo de referências que serão úteis para o exercício da profissão. Busca-se o aprimoramento das competências e das habilidades dos estudantes de graduação e de pós-graduação, para que possam ampliar os horizontes e contribuir para o aprimoramento da sociedade como um todo, do ponto de vista intelectual, artístico, literário e cultural.

# REFERÊNCIAS

ANTUNES, Irandé. **Lutar com palavras**: coesão e coerência. São Paulo: Parábola, 2005.

ASSOCIAÇÃO BRASILEIRA DE NORMAS TÉCNICAS. **NBR 6022**: Informação e documentação: Artigo em publicação periódica científica impressa: Apresentação. Rio de Janeiro, 2003a.

ASSOCIAÇÃO BRASILEIRA DE NORMAS TÉCNICAS. **NBR 6022**: Informação e documentação: Artigo em publicação periódica científica impressa: Apresentação. 2. ed. Rio de Janeiro, 2018a.

ASSOCIAÇÃO BRASILEIRA DE NORMAS TÉCNICAS. **NBR 6023**: Informação e documentação: Referências: Elaboração. Rio de Janeiro, 2002.

ASSOCIAÇÃO BRASILEIRA DE NORMAS TÉCNICAS. **NBR 6023**: informação e documentação: referências – elaboração. Rio de Janeiro, 2018.

ASSOCIAÇÃO BRASILEIRA DE NORMAS TÉCNICAS. **NBR 6023**: Informação e documentação: Referências: Elaboração. 2. ed. Rio de Janeiro, 2018b.

ASSOCIAÇÃO BRASILEIRA DE NORMAS TÉCNICAS. **NBR 6027**: Informação e documentação: Sumário: Apresentação. Rio de Janeiro, 2003b.

ASSOCIAÇÃO BRASILEIRA DE NORMAS TÉCNICAS. **NBR 6027**: informação e documentação: sumário-elaboração. Rio de Janeiro, 2012.

ASSOCIAÇÃO BRASILEIRA DE NORMAS TÉCNICAS. **NBR 10520**: Informação e documentação: apresentação de citações em documentos. Rio de Janeiro, 2002.

ASSOCIAÇÃO BRASILEIRA DE NORMAS TÉCNICAS. **NBR 10520**: Informação e documentação: Apresentação de citações em documentos. 2. ed. Rio de Janeiro, 2023.

ASSOCIAÇÃO BRASILEIRA DE NORMAS TÉCNICAS. **NBR 14724**: Informação e documentação: Trabalhos acadêmicos – apresentação. 3. ed. Rio de Janeiro, 2011.

BAKHTIN, M. M. **Estética da Criação Verbal**. Tradução do russo: Paulo Bezerra. 6. ed. São Paulo: Martins Fontes, 2011.

BAKHTIN, M. M. **Estética da Criação Verbal**. Tradução do russo: Paulo Bezerra. São Paulo: Martins Fontes, 2003.

BAKHTIN, Mikhail. **Os gêneros do discurso**. Tradução de: Paulo Bezerra. São Paulo: Editora 34, 2016.

BAKHTIN, Mikhail. **Problemas da poética de Dostoiévski**. Tradução de: Paulo Bezerra. 2. ed. Rio de Janeiro: Forense Universitária, 1997.

BAKHTIN, M.; VOLOSHINOV, V. N. A interação verbal. In: BAKHTIN, M. **Marxismo e filosofia da linguagem.** 10. ed. Tradução de: Michel Lahud e Yara Frateschi Veira. São Paulo: Hucitec, 2002.

BEAUGRANDE, R. A.; DRESSLER, W. U. **Introduction to text linguistics.** London: Longman, 1983.

BERNINI, Daniel Berrelho. **A taxatividade mitigada do Art. 1.015 do Código de Processo Civil:** teoria e prática no TJ-RJ. 2022. Projeto de monografia (Curso de Direito) – Universidade Veiga de Almeida. Rio de Janeiro: Universidade Veiga de Almeida, 2022. Projeto inédito.

BORBA, V. M. R. **Gêneros textuais e produção de universitários:** o resumo acadêmico. 2004. 232 f. Tese (Doutorado em Letras e Linguística) – Universidade Federal de Pernambuco, Recife, 2004. Disponível em: https://repositorio.ufpe.br/handle/123456789/7767. Acesso em: 10 jan. 2023.

BOURDIEU, Pierre. **A economia das trocas linguísticas.** Organização e tradução de: Sérgio Miceli. São Paulo: Edusp, 2018.

BRAIT, Beth. Alteridade, dialogismo, heterogeneidade: nem sempre o outro é o mesmo. **Revista Brasileira de Psicanálise**, São Paulo, v. 46, n. 4, p. 85-97, dez. 2012. Disponível em: http://pepsic.bvsalud.org/scielo.php?script=sci_arttext&pid=S0486-641X2012000400008&lng=pt&nrm=iso. Acesso em: 24 fev. 2023.

BRASIL. Instituto Nacional de Estudos e Pesquisas Educacionais Anísio Teixeira (Inep). **Censo da Educação Superior 2020:** notas estatísticas. Brasília, DF: Inep, 2022.

BROSTOLIN, M. R.; SOUZA, T. M. F. de. A docência na educação infantil: pontos e contrapontos de uma educação inclusiva. **Cadernos CEDES**, v. 43, n. 119, p. 52-62, jan.-abr. 2023. Disponível em: https://www.scielo.br/j/ccedes/a/5JJrGTLJWZvF9HVNDnfBMkg/?format=pdf&lang=pt. Acesso em: 20 fev. 2023.

BUCHALLA, Cassia Maria. Resenha acadêmica descritiva. **Revista Brasileira de Epidemiologia**, v. 15, n. 2, p. 439-440, junho de 2012. Disponível em: https://www.scielo.br/j/rbepid/a/pgYkwjQctVN7YSvd9bNSDSt/?lang=pt. Acesso em: 25 fev. 2022.

BUENO, J. G. **Educação especial brasileira:** Integração/segregação do aluno diferente. São Paulo: EDUC, 2006.

CARIOCA, C. R. **A caracterização do discurso acadêmico baseada na convergência da linguística textual com a análise do discurso.** Fortaleza: UFCE, 2014.

CARNIELLI, W. A.; EPSTEIN, R. L. **O poder da lógica e da argumentação:** guia prático da arte de pensar, argumentar e convencer. 4. ed. São Paulo: Rideel, 2019.

CARVALHAL, Tânia Franco. **Literatura comparada.** São Paulo: Ática, 2006.

COELHO NETO, Aristides. **Além da revisão:** critérios para revisão textual. 3. ed. Brasília: Editora Senac, 2013.

CORRÊA, Hércules Tolêdo. **Oficina de letramento acadêmico.** Ouro Preto-MG: Departamento de Educação e Tecnologias/UFOP/CAPES/ UAB, 2015.

COSTA, Sérgio Roberto. **Dicionário de gêneros textuais.** 3. ed. rev. ampl.; 1.reimp. Belo Horizonte: Autêntica Editora, 2015.

COSTA VAL, M. G. **Redação e textualidade.** 2. ed. São Paulo: Martins Fontes, 2006.

DIAS, Silvana Moreli Vicente. Espectros postais: aproximações entre biografia crítica e correspondência de escritores. **Outra Travessia**, v. 14, p. 131-142, 2012. Disponível em: https://periodicos.ufsc.br/index.php/Outra/article/view/2176-8552.2012n14p131/24831. Acesso em: 28 fev. 2023.

ECO, Umberto. **Como se faz uma tese.** Tradução de: Gilson Cesar Cardoso de Souza. São Paulo: Perspectiva, 2020.

FARACO, C. A.; ZILLES, A. M. **Para conhecer norma linguística**. São Paulo: Contexto, 2017.

FREIRE Paulo. **Pedagogia da autonomia** – saberes necessários à prática docente. 19. ed. São Paulo: Paz & Terra, 1996.

FREIRE, Paulo. **Pedagogia do oprimido.** 67. ed. Rio de Janeiro: Paz & Terra, 2013.

GARCIA, Othon M. **Comunicação em prosa moderna**: aprenda a escrever, aprendendo a pensar. 27. ed. Rio de Janeiro: Editora FGV, 2010.

GÊNEROS DE TEXTO: subsídios para o ensino em diferentes disciplinas. Org. Neires Maria Soldatelli Paviani, Niura Maria Fontana, Tânia Maris de Azevedo. Caxias do Sul: Educs, 2012.

GIL, Antonio Carlos. **Como elaborar projetos de pesquisa**. 7. ed. Barueri-SP: Atlas, 2022.

HEATH, S. Protean shapes in literacy events: ever-shifting oral and literate traditions. In: TANNEN, D. (Ed.). **Spoken and written language**: exploring orality and literacy. Norwood, N.J.: Ablex, 1982. p.91-117.

ILHESCA, Daniela Duarte; SILVA, Débora Teresinha Mutter da; SILVA, Mozara Rossetto da. **Redação acadêmica**. Curitiba: InterSaberes, 2013.

JAKOBSON, Roman. **Linguística e Comunicação**. São Paulo: Cultrix, 1974.

KLEIMAN, A. Ação e mudança na sala de aula: uma pesquisa sobre letramento e interação. In: ROJO, R. (Org.). **Alfabetização e letramento**: perspectivas linguísticas. Campinas: Mercado de Letras, 1998. p. 173-203.

KOCH, Ingedore G. Villaça. **O texto e a construção dos sentidos**. 7. ed. São Paulo: Contexto, 2003.

KOCH, I. G.V.; ELIAS, V. M. **Ler e compreender**: os sentidos do texto. 3. ed., 1 reimp. São Paulo: Contexto, 2006.

KOCH, Ingedore G. Villaça; TRAVAGLIA, Luiz Carlos. **A coerência textual**. São Paulo: Contexto, 1991.

KÖCHE, Vanilda Salton; MARINELLO, Adiane Fogali. **Ler, escrever e analisar a língua a partir de gêneros textuais**. Petrópolis, RJ: Vozes, 2019.

KRISTEVA, Julia. **Ensaios de semiologia**. Tradução de: Luiz Costa Lima. Rio de Janeiro: Eldorado, 1971.

LEA, Mary R.; STREET, Brian. O modelo de "letramentos acadêmicos": teoria e aplicações. Tradução de: Fabiana Komesu e Adriana Fischer. **Filologia E Linguística Portuguesa**, v. 16, n. 2, p.477-493, jul./dez.2014. Disponível em: http://dx.doi.org/10.11606/issn.2176-9419.v16i2p477-493. Acesso em: 15 jan. 2023.

LEMOS, Evelyse dos Santos. A Aprendizagem Significativa: estratégias facilitadoras e avaliação. **Série Estudos – Periódico do Mestrado em Educação da UCDB**, Campo Grande-MS, n. 21, p. 53-66, jan.-jun. 2006. Disponível em: https://arquivos.info.ufrn.br/arquivos/20112322457a-47670284cf25066e000f/Aprendizagem_significativa_-_Estratgias_facilitadoras_e_avaliao.pdf. Acesso em: 5 jul. 2023.

LUBISCO, Nídia Maria Lienert; VIEIRA, Sônia Chagas. **Manual de estilo acadêmico:** trabalhos de conclusão de curso, dissertações e teses. 6. ed. rev. ampl. Salvador: EDUFBA, 2019.

MACHADO, A. B.; BEZERRA, M. A. **Gêneros textuais & ensino**. Rio de Janeiro: Lucerna, 2002.

MACHADO, A. R.; LOUSADA, E.; ABREU-TARDELLI, SANTOS, L. **Resenha**. São Paulo: Parábola, 2004.

MAGALHÃES, M. C. C.; OLIVEIRA, W. Vygotsky e Bakhtin/Volochinov: dialogia e alteridade. **Bakhtiniana**, São Paulo, v. 1, n. 5, p. 103-115, 2011. Disponível em: https://revistas.pucsp.br/index.php/bakhtiniana/article/download/4749/5077/17051. Acesso em: 10 jan. 2023.

MARCONI, Marina de Andrade; LAKATOS, Eva Maria. **Fundamentos de metodologia científica**. 9. ed. Atualização da edição João Bosco Medeiros. São Paulo: Atlas, 2021.

MARCUSCHI, L. A. Gêneros textuais: definição e funcionalidade. In: DIONÍSIO, A. P.; MARCUSCHI, L. A. **Produção textual, análise de gêneros e compreensão.** São Paulo: Parábola Editorial, 2008.

MARTINS, M. H. **O que é leitura.** 19. ed. São Paulo: Brasiliense, 1994.

MEDEIROS, J. B. **Redação Científica** – Guia prático para trabalhos científicos. 13. ed. São Paulo: Atlas, 2019.

MEDVIÉDEV, P. N. **O método formal nos estudos literários**: introdução crítica a uma poética sociológica. Tradução: Sheila Camargo Grillo e Ekaterina Vólkova Américo. São Paulo: Contexto, 2012.

MELO NETO, João Cabral de. **Poesias completas**: 1940-1065. 3. ed. Rio de Janeiro: José Olympio, 1979.

MENDES, A. A. et al. **Linguística textual e ensino**. Porto Alegre: SAGAH, 2019.

MENDES, A. et al. **Linguística textual e ensino**. Porto Alegre: SAGAH, 2020.

MORAIS, Anne. COELHO NETO, A. (2013): *Além da revisão*: critérios para revisão textual. **Revista Philologus**, ano 27, n. 80, Rio de Janeiro, maio-ago. 2021. Disponível em: https://www.revistaphilologus.org.br/index.php/rph/article/view/603/652. Acesso em: 28 fev. 2023.

NUNES, Valfrido da Silva. O conceito de gênero em três tradições de estudos: uma introdução. **Vértices**, Campos dos Goitacazes, v. 19, n. 3, 2017. Disponível em: https://www.redalyc.org/journal/6257/625768669002/html/ Acesso em: 20 jan. 2023.

PEREIRA, Maurício Gomes. Estrutura do artigo científico. **Epidemiol. Serv. Saúde**, Brasília, v. 21, n. 2, p. 351-352, jun. 2012. Disponível em: http://scielo.iec.gov.br/scielo.php?script=sci_arttext&pid=S1679-49742012000200018&lng=pt&nrm=iso. Acesso: 15 jan. 2023.

PEREIRA, Maurício Gomes. **Artigos científicos:** como redigir, publicar e avaliar. Rio de Janeiro: Guanabara Koogan, 2011.

PÉREZ-GÓMEZ, A. I. **A cultura escolar na sociedade neoliberal**. Tradução: Ernani Rosa. Porto Alegre: Artmed, 2001.

SANTAELLA, L. **Redação e Leitura**: guia para o ensino. São Paulo: Cengage Learning Brasil, 2014.

SAUSSURE, F. **Curso de Linguística Geral**. 3. ed. Tradução: Antônio Chelini, José Paulo Paes e Izidoro Bliksteín. São Paulo: Cultrix, 2012.

SILVA, J. B. da. David Ausubel's Theory of Meaningful Learning: an analysis of the necessary conditions. **Research, Society and Development**, [S. l.], v. 9, n. 4, p.1-13, 2020.

SITYA, Celestina Vitória Moraes. **A linguística textual e a análise do discurso**: uma abordagem interdisciplinar. Rio Grande do Sul: Ed. da URI, 1995.

SOARES, M. **Português**: uma proposta para o letramento. São Paulo: Moderna, 1999.

SOARES, Magda. Novas práticas de leitura e escrita: letramento na cibercultura. **Educação e sociedade**, Campinas, v. 23, n. 81, p. 143-160, p. 143-160, dez. 2002. Disponível em: https://www.scielo.br/j/es/a/zG4cBvLkSZfcZnXfZGLzsXb/?format=pdf&lang=pt. Acesso em: 9 fev. 2023.

SOUSA, Wellington Barbosa de. **O licenciando de letras**: práticas (multi)letradas no ensino superior. Campina Grande-PB, Universidade Federal de Campina Grande, 2021. Disponível em: http://dspace.sti.ufcg.edu.br:8080/jspui/bitstream/riufcg/27598/1/WELLINGTON%20BARBOSA%20DE%20SOUSA%20%E2%80%93%20DISSERTA%-C3%87%C3%83O%20PPGLE%202021.pdf. Acesso em: 10 fev. 2023.

SPALDING, Marcelo. **Minicontos**. Porto Alegre: Metamorfose, 2018. Disponível em: https://indd.adobe.com/view/4e286833-5390-47ab-a-31d-308ff3e8a5cd. Acesso em: 20 fev. 2023.

STREET, B. V. **Literacy in theory and practice**. Cambridge: Cambridge University Press, 1984.

STREET, Brian; BAGNO, Marcos (2006). Perspectivas interculturais sobre o letramento. **Filologia e Linguística Portuguesa**, n. 8, p. 465-488, 2006. Disponível em: https://doi.org/10.11606/issn.2176-9419.v0i8p465-488. Acesso em: 10 dez. 2022.

UNIVERSO ACADÊMICO EM GÊNEROS DISCURSIVOS. Org. Tânia Maris de Azevedo, Neires Maria Soldatelli Paviani. Caixas do Sul: Educs, 2010.

WACHOWICZ, Teresa Cristina. **Análise linguística nos gêneros textuais**. Curitiba: InterSaberes, 2012.